感谢国家自然科学基金项目（51101047 和 51461014）

界面插层调控磁阻薄膜材料电输运性能研究

丁雷 著

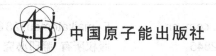

中国原子能出版社

图书在版编目（CIP）数据

界面插层调控磁阻薄膜材料电输运性能研究 / 丁雷
著. -- 北京：中国原子能出版社, 2017.5（2025.4重印）
　ISBN 978-7-5022-8184-7

　Ⅰ. ①界… Ⅱ. ①丁… Ⅲ. ①磁阻半导体 – 研究
Ⅳ. ①TN304.7

中国版本图书馆CIP数据核字（2017）第145830号

界面插层调控磁阻薄膜材料电输运性能研究

出版发行	中国原子能出版社（北京市海淀区卓成路43号 100048）
责任编辑	王　朋
责任印刷	潘玉玲
印　　刷	三河市天润建兴印务有限公司
经　　销	全国新华书店
开　　本	787毫米*1092毫米　1/16
印　　张	8
字　　数	130千字
版　　次	2018年8月第1版
印　　次	2025年4月第2次印刷
标准书号	ISBN 978-7-5022-8184-7
定　　价	42.00元

网址：http//www. aep. com. cn　　　E-mail:atomep123@126.com
发行电话：010-68452845　　　　　　版权所有　翻印必究

内容提要

磁阻薄膜材料主要指具有磁电阻效应的材料，在各种磁阻材料中，NiFe具有优异的软磁性能，是一种应用广泛的磁性材料。目前国际上研究的焦点集中在NiFe材料超薄情况下如何进一步提高其电输运性能以适应器件发展的需求。

作者近些年来在高灵敏度NiFe磁阻薄膜材料的制备工艺、综合性能调控、薄膜结构设计思路以及理论研究方面开展了一些研究工作。本书重点介绍了各种不同类型的界面插层材料对NiFe磁阻薄膜材料结构及电输运性能的影响。

本书可供从事磁性薄膜材料的研究学者和学生参考使用。

前　言

　　磁阻薄膜材料指具有磁电阻效应的材料。磁电阻效应是导体或半导体在磁场作用下其电阻值发生变化的现象。目前，市场上的磁阻材料及器件主要有半导体及磁性薄膜两种。半导体磁阻器件具有磁电阻比值大及线性度好的优点，但所需磁场较大，灵敏度并不高，且温度稳定性也不够好。实际应用中的磁性薄膜材料主要有各向异性磁电阻（AMR）材料、巨磁电阻（GMR）材料、隧道磁电阻（TMR）材料等，每种磁阻材料及器件都有自己的特点，适应于相应的领域。

　　近年来，由于对地磁场研究的日益重视，作为非常重要的一类地磁探测材料和器件，AMR薄膜材料和器件又引起了人们强烈的研究兴趣。由于AMR传感器在测量弱磁场和基于弱磁场的地磁导航、数字智能罗盘、交通检测、位置测量、伪钞鉴别等方面具有广泛的应用，制造AMR元件和AMR传感器的技术在国外发展很快并且已经产业化，受到人们的高度重视，国际上相关的各大公司还在不断地发掘AMR薄膜材料的潜力和开发生产各种类型的AMR传感器。目前，我国对于AMR传感器的应用研究与国外相比还有很大差距，因而它在国内有着广阔的市场应用前景。

　　AMR薄膜材料研究较多的是NiFe（坡莫合金）材料。NiFe具有优异的软磁性能，但是其磁场灵敏度比GMR和TMR薄膜材料的磁场灵敏度低得多，所以，追求高灵敏度的NiFe薄膜材料一直是该领域研究者长期以来的一项重要研究课题。目前研究的焦点集中在NiFe材料超薄情况下如何进一步提高磁场灵敏度以适应器件发展的需求。

　　本书重点介绍了作者所在课题组近年来利用界面插层调控NiFe磁阻薄膜材料电输运性能方面的一些研究成果，包括对非晶氧化物（SiO_2和Al_2O_3）、晶体氧化层（MgO和ZnO）、具有强自旋轨道耦合的贵金属（Au和Pt）、磁性和非磁材料（CoFeOx和AlN）等界面插层材料进行的系统研究，可供从事磁性薄膜材料的研究学者和学生参考使用。

　　本书研究是在国家自然科学基金项目（51101047和51461014）课题支持下完成的，是著者所在课题组近十年来在高灵敏度磁阻薄膜材料领域主要研究成果的系统总结。本书参考和引用了一些学者的论文资料，列于参考文献，在此向他们致以感谢。

由于作者理论与实践水平所限，书中难免存在不妥之处，敬请各位读者批评指正。

作　者

2017年5月

目 录

第 1 章　磁电阻薄膜材料简介

1.1 自旋电子学与磁电阻效应概况

材料科学的发展水平是人类文明进步程度的重要标志，具有特殊性能的新型材料的问世，常导致科学技术的重大突破，甚至引发一场技术革命。20世纪物理学创造之一——微电子学，是以通过电场来调制半导体中数目不等的电子和空穴即多数载流子和少数载流子的输运过程为基础的，并未计及电子的自旋状态。而正如人们所熟知的，被束缚于固体中的原子上的电子同时负载电荷和自旋并伴随有轨道自由度。所以，固体的电子输运和磁性是密切相关的。通过操纵电子的另一个属性———自旋，一门崭新的科学技术—自旋电子学初见端倪。

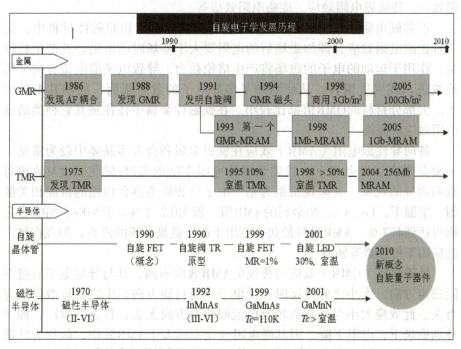

图1-1自旋电子学的发展历程图：基于金属和半导体的自旋电子学

自旋电子学是以1988年巨磁电阻效应的发现为开端的，其发现者法国科学家阿尔伯特·费尔和德国科学家彼得·格鲁伯格共同获得了2007年诺贝尔物理学奖。自旋电子学的发展历程如图1-1所示。从图中可以看出，以金属为基础的自旋电子学在过去的十几年间取得了非常大的进展。

自旋电子学是建立在自旋极化和自旋相关的电子输运过程的基础上，即通过磁场等在介观尺度上调整自旋状态，借助电子传导与磁性间的关联效应，实现对电子输运特性的调制而开发出各种电子器件的一门新技术。它涉及自旋极化、自旋相关散射和隧穿、自旋积累及弛豫、电荷—自旋—轨道—晶格间相互作用等强关联和量子干涉效应，是当今凝聚态物理的重大课题。作为纳米电子学的重要组成部分，在磁记录、磁头读出、非易失信息随机存储、自旋晶体管及量子计算机等领域将获得广泛应用，成为未来信息科学技术的主导技术。

作为自旋电子学的重要组成部分–磁电阻效应，因其在磁阻传感器、磁头读出、及信息存储等领域显示出的广阔的应用前景而备受瞩目。所谓磁电阻效应，是指对通电的金属或半导体施加磁场作用时所引起的电阻值变化，其全称是磁致电阻变化效应。根据磁电阻值的大小和机理的不同，磁电阻效应主要可分为：正常磁电阻效应、各向异性磁电阻效应，巨磁电阻效应、隧道磁电阻效应、庞磁电阻效应等。

正常磁电阻（OMR）效应普遍存在于所有磁性和非磁性材料中，是一种正磁电阻效应，即加磁场后的电阻要大于零场时的电阻。其产生机理是：作用于运动的电子的磁场将产生洛伦兹力，导致电子沿电流方向呈螺旋线进动或发生偏转，从而增加了传导电子的散射截面，故使其电阻增大。大部分材料的OMR值都比较小，在铁磁性金属中往往被其它种类的磁电阻效应所掩盖。

各向异性磁电阻（AMR）效应在铁磁金属和合金多晶体中较为常见，主要是指在居里点以下，铁磁金属的电阻率随电流I与磁化强度M的相对取向而异的现象。其微观机制为基于电子自旋轨道耦合作用的自旋相关散射。室温下，Fe、Co、Ni金属的AMR值一般为0.2~2 %，但NiFe、NiCo合金则可达到4~7 %。AMR材料最初主要用于制作磁盘系统的磁头，但现在被广泛应用于传感器等领域。

巨磁电阻（GMR）效应与传统的AMR效应不同，其与导电电子通过不同磁矩方向、大小之磁性层时，受电子本身自旋方向产生之自旋散射效应有关。此效应大小与外加磁场及电流间相对方向无关，且为负效应，即于外加磁场下，电阻下降。因其磁电阻变化率远大于AMR效应，故称为巨磁电阻效应。目前已知的GMR材料包含铁磁层/非铁磁层的多层膜材料、自旋阀多层膜材料和颗粒膜等。

隧道磁电阻（TMR）效应存在于铁磁金属层/非磁绝缘层/铁磁金属层（FM/I/FM）、铁磁金属层/非磁绝缘层/铁磁金属层/反铁磁层（FM/I/FM/AFM）等类型磁隧道结中，其机制为自旋极化电子的隧道效应。在磁隧道结中，当两铁磁层的磁化方向转至磁场方向而趋一致时隧道电阻为极小值，若将磁场减小至负，矫顽力较小的铁磁层的磁化方向首先反转，两铁磁层的磁化方向相反，此时隧道电阻为极大值，这个变化过程只需一个非常小的外磁场就可实现，因此TMR拥有较高的磁场灵敏度，这个优点使得TMR适于制造磁随机存储器。目前，采用自旋极化率更高的半金属材料和合适的绝缘层，可大幅度提高TMR值，如$Ta/Co_{20}Fe_{60}B_{20}/MgO/Co_{20}Fe_{60}B_{20}/Ta$隧道结，在退火温度为525 ℃时，TMR值可达604 %。

庞磁电阻（CMR）效应存在于类钙钛矿结构的氧化物中，其中以Mn系氧化物最为显著。其机制一般认为来源于双交换作用。CMR材料的共同特征是在一定的温度范围磁场使其从顺磁性或反铁磁性变为铁磁性，且在其磁性发生转变的同时氧化物从半导体的导电特性转变为金属性，从而使其电阻率发生巨大的变化，有时甚至高达数个数量级。由于通常需要一个数十kOe的外磁场，且在特定温度附近较小的范围内才能实现其电阻率的巨大变化，其应用前景还未可知。

上述磁电阻效应中，AMR、GMR、TMR和CMR等效应均和材料中电子自旋密切相关。对于磁性材料而言，由于各种交换作用致使材料变成铁磁性的，从而出现了电子的自旋极化；同时，这些自旋极化的电子在电子输运过程中受到的散射不同，因此对于磁性材料需要在电子输运理论进一步考虑到电子的自旋。目前尽管理论并没有给出非常完美的解释，但是基于AMR、GMR和TMR效应的应用却已取得了很大的成就。

1.2 各向异性磁电阻效应

1.2.1 微观理论

各向异性磁电阻(AMR)指铁磁材料的电阻率随自身磁化强度和电流方向夹角改变而变化的现象。因此，AMR 效应依赖于磁化强度取向。因此Kohler规则可以推广到铁磁体中：

$$\frac{\Delta\rho}{\rho} \propto a\left(\frac{H}{\rho}\right)^2 + b\left(\frac{M}{\rho}\right)^2 \tag{1-1}$$

其中，第一项描述的是OMR，第二项为AMR，a和b为常数。对于普通金属，电子的自旋是简并的，所以不存在净的磁矩，而费密面附近的电子态对于自旋向上和自旋向下当然也是完全一样的，因而输运过程中电子流是自旋非极化的。不过，对于铁磁过渡金属来说，交换作用能与动能的平衡使系统不同自旋的子带发生交换劈裂，自旋向上的子带与自旋向下的子带发生相对位移，引起自发磁化，这样一来系统的动能虽然增加了，但由于其3d电子在费密面附近具有非常大的态密度，动能的增加不大，而交换作用能却大大减小，因而系统的总能量有所下降。交换劈裂使自旋向上的子带(多数自旋)全部或绝大部分被电子占据，而自旋向下的子带(少数自旋)仅部分被电子占据。两子带的占据电子总数之差正比于它的磁矩。七十年代初Tedrow和Meservery对"超导体/非磁绝缘体/铁磁金属"隧道结在一定的磁场和不同的电压下测量隧道电流时确证了铁磁金属输运电子的自旋极化。

在AMR效应中，自旋轨道耦合作用(Spin Orbit Interaction，SOI)对自旋电子的散射起着重要的作用。SOI指的是电子的轨道运动对其自旋取向的作用。电子绕原子核运动时形成一个电流环，由于电子处于该电流环中心的附近，因此电子的自旋会受到这个电流环产生的磁场的作用，结果是使电子的自旋磁矩取向有一个择优方向。而电子的自旋磁矩和其轨道运动相互作用感生的磁场就是SOI。SOI可用下式表示：

$$L \cdot S = LxSx + LySy + LzSz = LzSz + (L+S- + L-S+)/2 \tag{1-2}$$

其中定义$L\pm = Lx \pm iLy$为升降算符。

对3d过渡金属，Mott的双电流模型是合适的。尽管认识到有效散射的机制是由于SOI，但在3d过渡金属中，这种作用非常微弱，因为d态受到湮灭轨道角动量晶体场的强烈微扰。对于铁磁金属，在温度低于居里温度Tc时，多数自旋和少数自旋电子可以沿着两个平行的通道进行传导，都独立地对电阻率有贡献，而且在整个散射过程中，自旋不改变方向，$\rho^\uparrow$和$\rho^\downarrow$构成等效的并联电路。则总电阻率 ρ 可表示为：

$$\rho = \frac{\rho^\uparrow \rho^\downarrow}{\rho^\uparrow + \rho^\downarrow} \tag{1-3}$$

Smit指出，在忽略多半自旋s→d散射的情况下，$\rho_{sd}^\uparrow$少量增加对净电阻率有显著的影响。SOI提供了一种使自旋向上与自旋向下相混合的途径，以

便使 $s^\uparrow$ 电子散射到空d态。

图1-2简单地显示了SOI是怎样为s-d散射开辟新途径，然后为电阻率各向异性做贡献。当自旋轨道相互作用不起作用时，在多半自旋电路中不存在s-d散射。在这种情况下，电阻率可以写成：

$$\rho = \frac{\rho_s\left(\rho_s + \rho_{sd}{}^\uparrow\right)}{2\rho_s + \rho_{sd}} \equiv 0 \tag{1-4}$$

当SOI 发生作用时，$s^\uparrow$ 电子能散射到 $3d^\downarrow$ 空穴态，加到总的电阻率中。SOI 也允许 $d^\uparrow \to s^\downarrow$ 跃迁，打开 $3d^\uparrow$ 空穴态，为 $s^\uparrow$ (无自旋反向)或 $s^\downarrow$ (自旋反向)电子的s-d 散射提供更多通道。不过，如果传导电子动量k是在空d态的经典轨道平面内，那么s电子只能散射到3d空穴态。

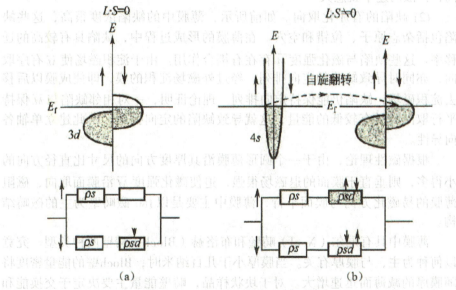

图1-2 SOI对自旋电子散射的影响

(a)—不考虑SOI时的态密度，等效电路中缺少 $\rho_{sd}{}^\uparrow$；

(b)—SOI不为零时，$s^\uparrow \to d^\uparrow$ 散射过程可以发生，等效电路出现了 $\rho_{sd}{}^\uparrow$ 项

1.2.2 磁化特性

各向异性磁电阻薄膜的磁阻效应决定于外磁场 $\overline{H}$ 与磁膜中磁化强度 $\overline{M}$ 之间的夹角 θ，而 θ 的大小与磁性薄膜磁化难易程度有关，磁阻薄膜的磁化状态不仅与薄膜材料本身的各向异性、磁畴结构有关，而且与磁阻元件的

几何尺寸也有着密切的关系。

1.2.2.1 AMR薄膜各向异性的起因及磁畴结构

在磁场中淀积而成的NiFe薄膜具有明显的感生单轴各向异性，其单轴各向异性能量 E 可用下式表示：

$$E = K_u \sin^2 \theta \tag{1-5}$$

式中，θ 为磁膜中的 $\overline{M}_s$ 与易磁化轴之间的夹角，K_u 为单轴各向异性常数。引起感生单轴各向异性的原因有如下两种：

(1) 原子对的方向有序化。在镍铁合金中，原子对的方向有序化是在较低温度下，用很短的时间完成的。薄膜的表面及晶粒间界处存在许多由缺陷造成的空穴。薄膜的厚度愈薄，其表面面积和晶界面积的总和与薄膜体积的比值就愈大，通过原子和空穴的交换作用加速了扩散。空穴的浓度愈高，扩散的速率就愈大。

(2) 缺陷的有序化取向。如前所示，薄膜中的缺陷浓度很高，这些缺陷包括杂志原子、位错和空穴。在薄膜的形成过程中，缺陷具有较高的迁移率。这些缺陷与磁化强度 $\overline{M}$ 存在有耦合作用。由于淀积磁场使 $\overline{M}$ 有序取向，亦同时导致缺陷的定向排列。经过外磁场淀积的膜，即使成膜以后移去淀积磁场，缺陷仍能保持定向排列。理论证明，一对相邻缺陷与 $\overline{M}$ 保持平行取向时具有较低的能量，这就导致缺陷的定向排列，由此建立单轴各向异性。

根据磁性理论，由于一个圆形薄膜沿其厚度方向的尺寸比直径方向的小得多，则垂直于膜面的退磁场很强，迫使磁化强度 $\overline{M}$ 沿膜面取向，磁阻薄膜的易磁化方向与膜面平行，薄膜中主要是以180°磁畴壁为主的磁畴结构。

薄膜中具有尼尔（Neel）畴壁和布洛赫（Bloch）畴壁两种类型。究竟以何种为主，与膜厚有关。当膜厚小于几百纳米时，Bloch壁的能量密度将随膜厚的减薄而迅速增大。对于块状样品，畴壁能量主要决定于交换能和磁晶各向异性能。对于薄膜样品，静磁能将起很大作用。图1–3（a）表示薄膜样品的表面与畴壁交界处所形成的自由磁极。该图中仅表示了位于畴壁中心部位的 $\overline{M}$ 的取向。当薄膜的厚度 t 与畴壁的厚度 δ 具有相同数量级时，由膜面的自由磁极所产生的静磁能很大。图1–3（a）所示3坐标关系。当沿a轴，即Z轴磁化时，退磁系数 Na 为（a 为椭球体长轴，b 为短轴）：

$$Na = \frac{4\pi b}{a+b}$$

当沿 b 轴磁化时，退磁系数 Nb 为：

$$Nb = \frac{4\pi a}{a+b}$$

此时，畴壁的静磁能密度 E_{ms} 为

$$E_{ms} = \frac{1}{2}NtM_s^2 = \frac{1}{2}(\frac{4\pi\delta}{t+\delta})M_s^2 \qquad (1-6)$$

以上采用 C、G、S 制单位，M_s 的单位为奥斯特，E_{ms} 的单位为尔格/厘米^3（erg/cm^3）。

YZ 平面的单位面积磁畴壁的静磁能 $\gamma_{ms.B}$ 为

$$\gamma_{ms.B} = E_{ms} \times \delta = \frac{2\pi\delta^2 M_s^2}{t+\delta} \qquad (1-7)$$

$\gamma_{ms.B}$ 的单位为 erg/cm2。

对于块状样品，由于其 t/δ 很大，畴壁静磁能 $\gamma_{ms.B}$ 可以忽略不计，若 $t/\delta \leq 1$，则出现在畴壁平面上的静磁能不能忽略不计。

随着薄膜厚度 t 的减薄，畴壁中自旋磁矩的过渡方向不再绕 X 轴而是绕 Z 轴在薄膜平面内逐渐过度，这样可以使出现在薄膜表面上的静磁能不断下降，由此形成的壁称为尼尔壁。尼尔壁的结构如图 1-3（b）所示。尼尔壁形成的自由磁极并不出现在薄膜表面，而是在畴壁表面。自旋磁矩过渡的特点是：不论在畴壁中还是在磁畴中，自旋磁矩都保持与薄膜表面相平行。

设尼尔畴壁的体积近似为椭球性圆柱体，其能量密度为：

$$\gamma_{ms.N} = \frac{2\pi t\delta M_s^2}{t+\delta} \qquad (1-8)$$

由此求得布洛赫畴壁与尼尔畴壁能量密度之比为：

$$\frac{\gamma_{ms.B}}{\gamma_{ms.N}} = \frac{\delta}{t} \qquad (1-9)$$

上式说明，如果薄膜的厚度小于畴壁厚度 δ 时，尼尔壁的静磁能将小于布洛赫壁的静磁能。以上仅考虑了静磁能的影响。对于厚度一定的薄膜，究竟哪样类型的畴壁最为稳定，除考虑静磁能外，还必须考虑交换能和磁晶各向异性能等能量。

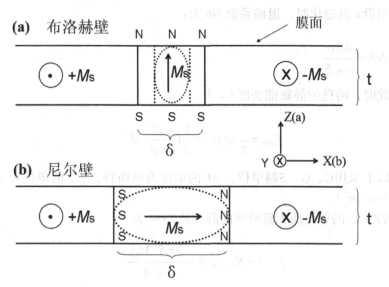

图1-3 薄膜中布洛赫（Bloch）壁和尼尔（Neel）壁的结构示意图

1.2.2.2 AMR薄膜中的磁化过程

AMR磁阻薄膜在外磁场作用下磁化，引起膜中磁化矢量 $\overline{M}$ 方向的改变，由于 $\overline{M}$ 主要来自于电子自旋的贡献，故 $\overline{M}$ 的改变必然会改变电子的分布状态，即改变了其电阻的大小，从而对磁阻效应产生影响。也就是说，磁阻薄膜的磁化过程会直接影响到它的磁阻效应。

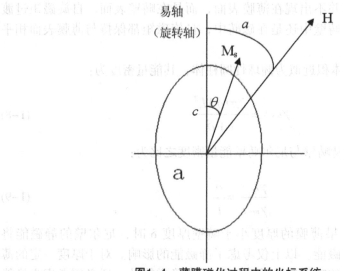

图1-4 薄膜磁化过程中的坐标系统

由于薄膜在厚度方向的尺寸很小，磁化矢量平行于膜面取向，而且大多数为 180° 畴壁的磁畴结构，故可以用一致转动磁化模型来近似描述其磁化特性。设外磁场与易磁化轴夹角为 a，磁化矢量 $\overline{M}$ 与易磁化轴的夹角为 θ，如图1-4所示的坐标。薄膜为单轴各向异性，K_u 为单轴各向异性常数。则各向异性能 E_a 为：

$E_a = K_u \sin^2 \theta$

$\overline{M_s}$ 在外磁场 $\overline{H}$ 中的磁位能 E_H 为：

$E_H = -HM_s \cos(a-\theta)$

$\overline{M}$ 的总能量为：

$$E = E_a + E_H = K_u \sin^2 \theta - HM_s \cos(a-\theta) \tag{1-10}$$

$\overline{M}$ 的平衡位置由 $\dfrac{dE}{d\theta} = 0$ 所对应的 θ 值确定。

$\dfrac{dE}{d\theta} = 2K_u \sin\theta \cos\theta - HM_s \sin(a-\theta) = 0$

设 $\overline{M_s}$ 沿外磁场方向的分量为 M，则：

$$M = M_s \cos(a-\theta) \tag{1-11}$$

如果 $\overline{H}$ 垂直于易磁化方向，即 $a = 90°$，则

$2K_u \sin\theta \cos\theta = HM_s \cos\theta$

即：$2K_u \sin\theta = HM_s$

$M = M_s \sin\theta$

因此 $2K_u(\dfrac{M}{M_s}) = HM_s$

设 $\dfrac{M}{M_s} = m$，称 m 为归一化磁化强度。

则：$$m = (\dfrac{M_s}{K_u})H \tag{1-12}$$

这说明，在 $a = 90°$ 时，不存在磁滞，磁化强度 M 与外磁场 H 成线性关系。当 $H = H_k = 2\dfrac{K_u}{M_s}$ 时，磁化达到饱和状态。令 $h = -\dfrac{H}{H_k} = \dfrac{HM_s}{2K_u}$，称 h

为归一化磁场。则当 $a=90°$ 时，$m=h$，从此可以明显地看出 M 与 H 之间的线性关系。

在一般情况下，关系式 $\sin\theta\cos\theta - h\sin(a-\theta)=0$ 和 $m=\cos(a-\theta)$ 成立。设外磁场 $\overline{H}$ 沿易磁化轴取向，即 $a=0$，只要 $H \geq H_k$，磁膜中的 $\overline{M}$ 与 $\overline{H}$ 平行排列。若 $\overline{H}$ 改变方向，使 $a=180°$，此时 $\overline{M}$ 与 $\overline{H}$ 反平行，引起 $\overline{M}$ 取向不稳定，θ 角可以为零，亦可为 $180°$。$\overline{M}$ 的具体取向决定于 $d^2E/d\theta^2$ 值，若 $\dfrac{d^2E}{d\theta^2}>0$，磁化处于真正的平衡状态；若 $\dfrac{d^2E}{d\theta^2}<0$，则 $\overline{M}$ 处于不平衡状态；若 $\dfrac{d^2E}{d\theta^2}\approx 0$，则 $\overline{M}$ 属于临界状态，处于稳定状态与不稳定状态的交界处。其临界场可以按下式计算。

$$\frac{d^2E}{d\theta^2}=\cos^2\theta-\sin^2\theta+h\cos(a-\theta)=0 \qquad （1-13）$$

根据上式可得到使 $\overline{M}$ 开始反转的临界磁场 h_c 和临界角度 θ_c，它们使方程式 $\tan^3\theta_c=-\tan a$ 和 $h_c^2=1-\dfrac{3}{4}\sin^2\theta_c$ 成立。

图1-5表示具有单轴各向异性薄膜的磁滞回线。这是根据不同 a 计算得到的各个磁滞回线，在一般情况下，各个磁滞回线包括可逆磁化部分及不可逆磁化部分。后者，包括巴克豪森跳跃阶段。当 $a=0$ 时，由于巴克豪森跳跃引起的 m 变化为最大；当 $a=90°$ 时，这种变化为零。而且，$\overline{M}_s$ 从一个取向改变到另一个取向所需要的归一化磁场 h_c 的临界值亦要随 a 而改变。当 $a=0$ 时，$h_c=1$；$a=45°$ 时，$h_c=0.5$；当 a 超过 $90°$ 时，h_c 再次增加。

1.2.3 常用各向异性磁电阻材料

表1-1列出了各向异性磁电阻材料包括Ni、Fe、Co纯元素、及其二元合金的磁电阻特性。

目前得到广泛应用的磁电阻材料是NiFe合金和NiCo合金，两种块状材料的 $\Delta\rho/ro$ 值随Ni含量变化关系如图1-6所示。NiFe合金在含镍量为90％时，具有最高的磁电阻变化率，其 $\Delta\rho/ro$ 超过5％；NiCo合金在含镍量为80％时，具有最高的磁电阻变化率，其 $\Delta\rho/ro$ 大于6％。通常，磁阻薄膜在制备过程中不可能完全避免应力，为了减少应力的影响，必须选择饱和磁致伸缩系数小的成分配比。在实际中NiFe合金最常用的成分配比是

$Ni_{81}Fe_{19}$，这主要是因为在此成份下，它的磁致伸缩接近于0，因而噪音比较小。

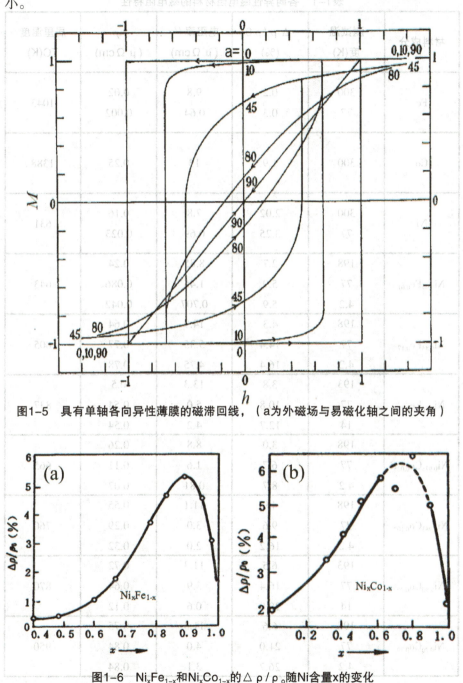

图1-5　具有单轴各向异性薄膜的磁滞回线，（a为外磁场与易磁化轴之间的夹角）

图1-6　Ni_xFe_{1-x}和Ni_xCo_{1-x}的$\triangle \rho / \rho_0$随Ni含量x的变化

表1-1　各向异性磁电阻材料的磁电阻特性

材料成分	测试温度(K)	$\Delta\rho/\rho_0$ (%)	电阻率 ρ_0 ($\mu\Omega cm$)	$\Delta\rho$ ($\mu\Omega cm$)	居里温度 TC(K)
Fe	300	0.2	9.8	0.02	1043
	77	0.3	0.64	0.002	
Co	300	1.9	13	0.25	1388
Ni	300	2.02	7.8	0.16	631
	77	3.25	0.69	0.023	
$Ni_{0.99}Fe_{0.01}$	198	2.7	8.85	0.24	643
	77	5.9	1.45	0.086	
	4.2	5.9	0.707	0.042	
$Ni_{0.83}Fe_{0.17}$	198	4.3	14.9	0.64	805
	77	14.4	5.35	0.77	
	4.2	16.4	4.75	0.78	
$Ni_{0.76}Fe_{0.24}$	193	3.8	13.3	0.5	837
	77	10.8	5.0	0.54	
	14	12.7	4.2	0.54	
$Ni_{0.975}Co_{0.025}$	198	3.0	8.8	0.26	665
	77	6.7	1.6	0.11	
	4.2	8.7	0.81	0.07	
$Ni_{0.983}Co_{0.107}$	198	4.9	11.1	0.55	760
	77	9.6	3.0	0.29	
	4.2	16.2	2.0	0.32	
$Ni_{0.80}Co_{0.20}$	193	6.5	11.3	0.72	870
	77	16.4	3.9	0.64	
	14	20.0	0.6	0.12	
$Ni_{0.70}Co_{0.30}$	198	6.6	11.3	0.75	950
	77	21.0	4.0	0.84	
	4.2	26.7	3.1	0.84	

1.3 巨磁电阻效应

1.3.1 多层膜巨磁电阻效应和双电流模型

巨磁电阻效应的发现，揭开了自旋电子学的序幕。其先期工作是1986年德国Grunberg等对Fe/Cr/Fe三层膜的开拓性研究。其最初设想是研究Cr制成超薄膜时反常特性的变化，却意外发现，在适当厚度下，通过Cr层的中介，使Fe层薄膜之间发生了交换耦合作用，相邻铁膜从铁磁取向变为反铁磁取向，并且这一现象不久被中子衍射实验所证实。

1988年，法国Fert研究小组利用分子束外延工艺成功地制备出(Fe/Cr)n超晶格，并进行了相应的物性测试。在[Fe 3nm/Cr 0.9 nm]$_{60}$超晶格体系的电阻测量中发现，在温度和磁场强度分别为4.2 K和2 T时，电阻降低了一半（图1-7），即使在室温下也下降了17%。这是一种巨大的负磁电阻效应，和电流与磁场的相对取向无关，意味着其起源于不同的物理机制，从而引发了有关巨磁电阻效应的研究热潮。

随着研究工作的深入，发现在许多其它体系中如颗粒膜、非耦合型超晶格等材料中都存在GMR效应，而且除Fe/Cr系，在以Fe、Co、Ni及其合金作为铁磁层，以Cu、Ag、Au及Cr作为非磁层的众多体系中都能观察到GMR效应，这是相当普遍的磁性与传导电子的关联效应。

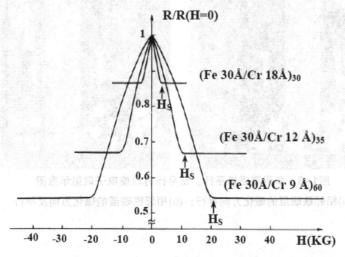

图1-7 反铁磁耦合Fe/Cr多层膜中温度4.2K时磁电阻与磁场关系

多层膜巨磁电阻效应具有如下特点：

(1) 数值远比AMR大的多，随磁场增加呈现负电阻值变化。

(2) 磁电阻效应各向同性，只与铁磁层间磁矩的相对取向有关。

(3) 磁电阻效应的大小随非磁层厚度而发生周期性的振荡变化。

(4) GMR出现的必要条件是：电子自旋要"识别"铁磁层间磁矩是平行排列还是反平行排列，这就要求多层膜的"周期"厚度FM+NM<<电子平均自由程。如果非磁层厚度过大，影响到上述条件，则GMR衰减。

基于Mott的二流体模型可以对巨磁电阻效应进行定性解释。将传导电子分为自旋向上和自旋向下两类，它们独立地贡献于电导。并假定在散射过程中自旋取向并不发生反转。当电子自旋与磁层的磁化方向，即铁磁金属自旋向上的3d子带（多数自旋）同向时，电子平均自由程较长，处于低电阻态；相反，其平均自由程短，为高电阻态。当相邻磁层处于铁磁磁序下，自旋向上的电子总是处于低阻态，从而形成一短路分路（见图1-8(a)）。在相邻磁层处于反铁磁态时，由于每隔一层的磁化方向将发生变化，当某一铁磁层处于低阻态，则下一铁磁层中必然处于高阻态，所以总电阻亦较大（见图1-8 (b)）。外磁场驱动相邻磁层从反铁磁态向铁磁态转变，从而出现GMR效应。

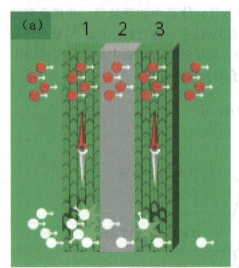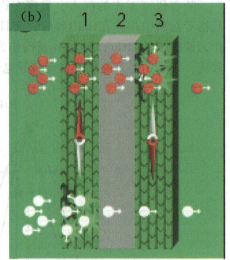

图1-8 多层膜磁矩平行、反平行时自旋电子散射示意图

(a)相邻铁磁层的磁化方向平行；(b)相邻铁磁层的磁化方向反平行

1.3.2 自旋阀巨磁电阻效应

巨磁电阻多层膜尽管可以产生很高的MR值，但强的反铁磁耦合效应同时导致一很高的饱和磁场，使得磁场灵敏度很小，远低于各向异性磁电阻材料,这导致其在实际器件中的应用受到限制。1991年，Dieny发现了另一类在应用上也是更重要的巨磁电阻效应——自旋阀，它具有低的饱和场和高的磁场灵敏度，为巨磁电阻的应用开辟了广阔的前景。

自旋阀是GMR效应的一个简单的具体装置，它由一个非磁性导体层分割两个磁性层。与[Fe/Cr]$_n$一类多层膜系统中通常很强的反铁磁交换作用相比，自旋阀的磁性层不耦合或仅发生若的耦合。因此，可以使磁致电阻在几十个奥斯特而不是几十个千奥斯特的磁场中发生变化。一个层磁性上是软的，另一个层是硬的或被钉扎的，所以，一个中等的磁场就能使这两个磁性层的磁矩间夹角发生变化。这样的装置称为自旋阀。

图1-9为具有自旋阀效应的典型多层膜结构。多层膜是Si/NiFe 15nm/Cu 2.6nm/NiFe 15nm/FeMn 10 nm/Ag 2nm。反铁磁性FeMn层与相邻的软磁性NiFe层发生交换耦合作用，这就促使NiFe（1）层的磁化强度方向被钉扎；第二个NiFe层通过2.6 nm的Cu隔离层与NiFe（1）发生弱的耦合。NiFe（2）层的磁化强度的方向可以被一弱的外磁场控制，但这一磁场对NiFe（1）的磁化强度的取向没有明显影响。

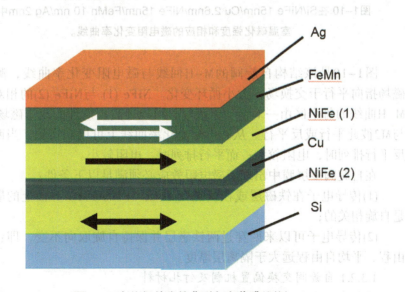

图1-9　自旋阀效应的典型复合薄膜结构

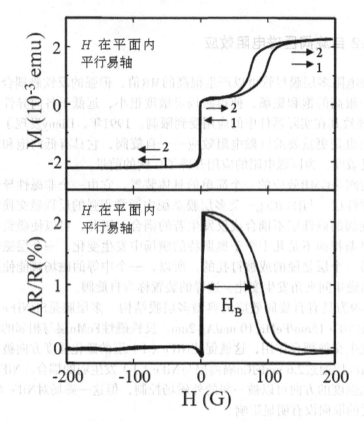

图1-10 在Si/NiFe 15nm/Cu 2.6nm/NiFe 15nm/FeMn 10 nm/Ag 2nm中，室温磁化强度和相应的磁电阻变化率曲线。

图1-10是该结构自旋阀的M-H回线与磁电阻变化率曲线，测量时外磁场指向平行于交换场，大小循环变化。NiFe (1) 与NiFe (2)的相对取向在M-H曲线的每个区由一对箭头来表示，可以通过周期性的改变磁场，使M1与M2彼此平行或反平行。从磁电阻变化率曲线上可以观察到，当两磁场成反平行排列时，电阻较大；而平行排列时，电阻较小。

在自旋阀多层膜中出现巨磁电阻效应必须满足以下条件：

(1)传导电子在铁磁层或在铁磁/非铁磁（FM/AFM）界面上的散射必须是自旋相关的；

(2)传导电子可以来回穿过两铁磁层并保持自旋取向不变，即：自旋自由程、平均自由程远大于隔离层厚度。

1.3.2.1 自旋阀交换偏置机制及钉扎材料

近年来，金属多层膜的巨磁电阻效应被应用于高密度磁记录硬盘，其中一个关键因素就是自旋阀结构中反铁磁/铁磁双层膜交换偏置的应用。当包含铁磁（FM）/反铁磁（AFM）界面的材料在磁场中冷却通过反铁磁材料的Neel温度T_N时，就会在铁磁材料中产生一个单方向的各向异性，这种现象称为交换偏置，又叫交换各向异性。通过交换各向异性，反铁磁材料给予铁磁材料一个单方向的钉扎场。在磁场中沉积FM/AFM双层膜或将FM/AFM双层膜在磁场中从温度T_1 ($T_N < T_1 < T_C$)冷却至温度T_2 ($T_2 < T_N$)，都会产生交换各向异性。表现为铁磁层磁滞回线的偏移，如图1-11所示。H_{ex}称为交换偏置场或钉扎场。另一个现象是铁磁层矫顽力的增加，表现为磁滞回线变粗。

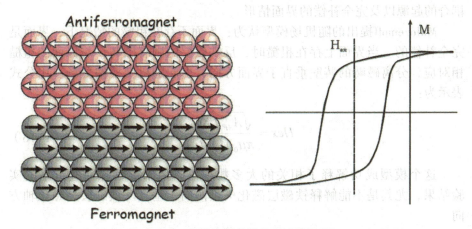

图1-11 交换偏置的结构及磁滞回线

（一）交换偏置机制

交换偏置现象最初是Meiklejoh和Bean在研究被反铁磁CoO包裹的Co颗粒时发现的，但直到今日，它的微观起源仍未十分清楚。实验发现，交换偏置场Hex近似反比于铁磁层的厚度tFM，这就提供了交换偏置来源于界面效应的证据。由Zeeman能和单方向各向异性能可以导出交换偏置场的唯象表达式

$$Hex = \frac{\Delta\sigma}{2\mu_0 M_{FM} t_{FM}}$$

（1-14）

其中，MFM是铁磁层的饱和磁化强度，$\Delta\sigma$是铁磁层的磁矩反转时界面交换能的变化，t_{FM}为铁磁层厚度，μ_0为真空磁导率。

按照Meiklejoh和Bean的模型,反铁磁层的界面磁化是完全补偿的，并且在铁磁层的磁化矢量转动时反铁磁层的磁化矢量固定不变。在这种情况下，界面交换能的变化为$\triangle\delta = 2J/a^2$，其中a为晶格常数，J为交换常数。计算出的Hex比典型的实验值大两个数量级。

Mauri提出在反铁磁层中存在平行于界面方向的畴壁，降低了铁磁层磁化矢量反转时界面能的变化。这时，界面交换能的变化等于畴壁能$4(A_{AF}K_{AF})^{1/2}$，其中A_{AF}为反铁磁层的交换偶强系数，K_{AF}为反铁磁层单位体积的单轴各向异性能。如果，A_{AF}和K_{AF}选为接近坡莫合金的值，模型预言的基本上与实验一致。然而，这里参数的选择与极化中子衍射实验观察的不一致。铁磁层的磁交换偶强系数和各向异性系数应远大于反铁磁的值，即：

$$(A_{AF}K_{AF})^{1/2}<<(A_{FM}K_{FM})^{1/2} \tag{1-15}$$

才能使畴壁限制在反铁磁层内。这个模型也未能解释铁磁/反铁磁交换耦合的起源以及完全补偿的界面情形。

Malozemoff提出的随机场模型认为：界面不存在粗糙的情况下，界面是完全补偿的。当界面上存在粗糙时，反铁磁层内则有磁畴。与界面的粗糙相对应，分离磁畴的畴壁垂直于界面方向，引起随机交换偏置场。用公式表示为：

$$Hex = \frac{\sqrt{A_{AF}/K_{AF}}}{\pi\mu_0 M_{FM}t_{FM}} \tag{1-16}$$

这个模型成功解释了相关的大多数现象，但未能解释一些近来的实验结果，尤其是不能解释铁磁层磁化矢量倾向于垂直反铁磁层易磁化轴方向。

Koon从微磁学（推广的平面场理论）计算出发，给出了完全补偿的铁磁/反铁磁界面的交换偏置现象的微观解释。计算表明完全补偿的理想界面存在交换偏置现象，界面粗糙不是必要的，界面交换耦合与铁磁/反铁磁磁化矢量垂直取向有关。

总之，关于交换偏置的起源目前还不是十分清楚，还没有一种模型能很好的解释交换偏置现象，关于这方面的工作还需要进一步深入的开展下去。

（二）常用反铁磁钉扎材料

自旋阀材料除磁电阻比外,确保反铁磁层对被钉扎层的有效钉扎是自旋阀读头非常重要的一个方面。实际上,反铁磁钉扎是一切基于自旋阀和磁隧道结的磁电子器件工作的核心环节之一。总结起来,反铁磁钉扎材料必须具备以下几项基本要求：

（1）大的交换偏置场；

（2）高的截止温度(磁头制备工艺过程需要较高温度的处理,通常要求反铁磁层截止温度在300℃以上)；

（3）良好的抗腐蚀性(不差于坡莫合金$Ni_{81}Fe_{19}$)；

（4）较薄的反铁磁层厚度；

（5）极少的后处理工艺等。

至今为止,接近于实用化要求的反铁磁材料主要有3类:

（1）氧化物反铁磁: $(Co_{1-x}Ni_x)O$、NiO；

（2）Cr系反铁磁: $Cr_{50}Mn_{50}$（加添加物: Pt、Pd或Rh）、$Cr_{50}Pt_{50}$；

（3）Mn系反铁磁: $Fe_{50}Mn_{50}$、$Ir_{20}Mn_{80}$、$Ni_{50}Mn_{50}$、$Pt_{50}Mn_{50}$等。

表1-2 常见的反铁磁材料

材料	交换耦合场 （10^4A/m）	截止温度 （℃）	电阻率 （$\mu\Omega\cdot$cm）	抗腐蚀性	热处理
Fe-Mn	3~10	150	130	不好	不需要
Ni-Mn	7~96	450	175	好	需要
Ir-Mn	2.15~6.13	150~280	200	好	不需要
Cr-Pt-Mn	2.39	380	350	好	不需要
Pd-Pt-Mn	3.82	300	—	好	需要
NiO	2.63	230	$>10^7$	好	不需要
NiC_0O	—	105	—	好	不需要
α-Fe_2O_3	0.80	320	—	好	不需要
TbC_0	可调节	150	—	不好	不需要

表1-2对常见的反铁磁材料的优缺点作了比较。FeMn是较早被用于自旋阀巨磁电阻多层膜的钉扎材料,它与NiFe有较大的交换耦合场,但是有两个缺点:一是易腐蚀,另一是截止温度较低。NiMn虽然抗腐蚀性好一些,交换耦合场也很大,但它被用作钉扎材料时需要长时间的较高温度的退火,以便产生磁有序排列,这势必增加制作工序,甚至会在自旋阀多层膜间引起严重的扩散,因而降低自旋阀的磁电阻比率。Mn的其它贵金属合金的性能虽然比较完好,但其价格相当昂贵。

磁性金属氧化物如NiO、CoO和a-Fe_2O_3研究的相对较多。其中NiO用做钉扎材料,制作工艺相对简单,并且NiO具有优越的抗腐蚀性能,相对高的截止温度,很大的电阻率,因此已被用到自旋阀结构的多层膜中;但是用NiO作钉扎层也有缺点,它对NiFe磁性层的交换耦合作用较弱。为了提高其钉扎场人们进行了广泛的深入研究,可以通过在磁层、非磁层的界面处插层

（如Co、Ag等）提高钉扎作用。另外，采用该方法还可以提高截止温度，以更好地满足器件制作的要求。从研究磁学问题的角度出发，由于NiO的磁学结构比较简单，常常选择它做为反铁磁材料来研究铁磁/反磁性的交换耦合等问题；但从实用制作器件的角度来看，国外有关文献报道还是选择综合性能良好的IrMn合金做为反铁磁材料较好。

1.3.2.2 自旋阀巨磁电阻的研究近况

当前计算机硬盘发展迅速,其密度越来越高，为了满足日益发展的计算机硬盘高密度的需要,目前计算机硬盘中磁头所应用的自旋阀磁性薄膜就必须具有更高巨磁阻变化率的特性。如何进一步改进材料,提高巨磁电阻效应,已成为自旋阀在计算机硬磁盘读出磁头等重要信息处理器件方面应用的关键问题。

人们围绕这一出发点，在自旋阀材料选择上作了很多工作，如两个铁磁层采用Co、CoFe、NiFe/CoFe 等，反铁磁层采用FeMn、IrMn、NiMn、PtMn、NiO、a-Fe$_2$O$_3$等，作出了很多系统。在薄膜制作方法上，也采用了多种技术，例如磁控溅射、离子束沉积等。自旋阀的类型也从顶自旋阀发展到底自旋阀，从简单自旋阀发展到合成反铁磁自旋阀、双自旋阀等。并采用自旋过滤、镜面反射等来提高GMR值。GMR从原来的单自旋阀的4–10%提高到双自旋阀的20%以上，交换场也从最初的70 Oe提高到现在的1000 Oe以上。下面着重介绍合成自旋阀和电流垂直于膜面自旋阀的研究进展。

（一）合成自旋阀

合成自旋阀因为它在磁头和在磁性随机存储器上的重要应用，人们在其上给予了强烈的兴趣。与传统自旋阀相比，合成自旋阀是在钉扎层或自由层中插入一层很薄的非磁层，使得被分开的两个铁磁层反铁磁耦合，可以把钉扎层的净磁矩调整到一个很低的数值，这导致一个很高的有效的钉扎场和可调的自由层偏压。

Veloso 利用合成自由层（SF）与合成反铁磁层（SAF）制备了新型自旋阀传感器,其结构如图1-12所示。这种传感器不仅具有高灵敏度和好的热稳定性，而且同时将GMR值提高到6 %以上。

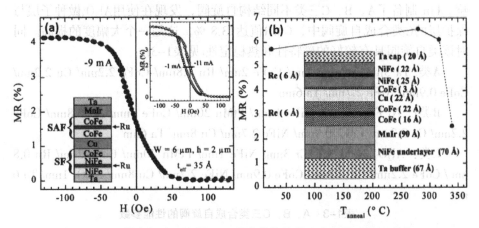

图1-12　(a)具有SF与SAF的IrMn顶自旋阀结构示意图及磁电阻曲线；
(b) 具有SF与SAF的IrMn底自旋阀结构示意图及MR随退火温度变化曲线

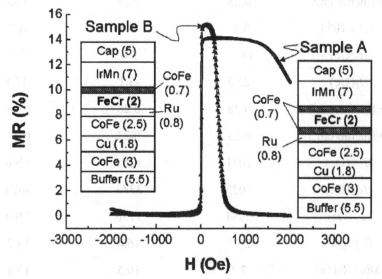

图 1-13　顶钉扎自旋阀的GMR随外加磁场变化曲线，插图是样品 A 和 B 的结构图

　　Sbiaa 研制了一种插入FeCr薄层的双钉扎层自旋阀，其自旋阀结构和相应的磁电阻变化率曲线见图1-13。在靠近反铁磁层的钉扎层P2中插入了厚度为1 nm的FeCr薄层，FeCr薄层的插入使得MR值从12.3 %上升到了14.6%，同样的制备工艺，经过退火处理后，发现自旋阀的MR值达到了18 %，并且钉扎场达到了1700 Oe。可见，在合成自旋阀的钉扎层中，适当的插入一种高电阻，低自旋极化的薄层可实现MR值的增大。

　　使用不同材料做缓冲层，对自旋阀的GMR效应的提高会有着不同的影响。Lin 制备了A、B、C三类不同结构自旋阀，发现在使用Al_2O_3做种子层与保护层的C类合成自旋阀中，GMR值达13.8 %，这是一个大幅度的提高。同时该类自旋阀具有较好的磁特性和热稳定性(见表1-3)。

A类: Ta 3nm/ PtMn 20nm/ CoFe 2nm/ Ru 0.8nm/ CoFe 2.2nm/ Cu 2.2nm/ CoFe 0.9nm/ NiFe 2.7nm/ Ta 6nm

B类：Ni Fe Cr 3nm/ NiFe 1nm / PtMn 20nm/ CoFe 2nm/ Ru 0.8nm/ CoFe 2.2nm/ Cu 2.2nm/ CoFe 0.9nm/ NiFe 2.7nm/ Cu 8nm/ Ta 6nm

C类：Al_2O_3 3nm/ NiFeCr 3nm/ NiFe 1nm/ PtMn 20nm/ CoFe 2nm/ Ru 0.8 nm / CoFe 2.2nm/ Cu 2.2nm/ CoFe 0.9nm/ NiFe 2.7nm/ Cu 8nm/ Al_2O_3 1nm/ Ta 6 nm

表1-3　A、B、C三类合成自旋阀的性能参数

Property	Type A	Type B	Type C
$m_1(memu/cm^2)$	0.28	0.29	0.32
$\lambda_s\ (\times 10^{-6})$	-0.3	-0.8	-1.2
$H_c(Oe)$	14.3	9.6	7.9
$H_F(Oe)$	-25.3	-3.1	-12.1
$m_2(memu/cm^2)$	0.28	0.28	0.28
$m_3(memu/cm^2)$	0.23	0.23	0.23
$H_{SF2}(Oe)$	1071	1252	1206
$H_{SF3}(Oe)$	3023	3383	4029
$H_{S3}(Oe)$	5984	7136	7390
$R_{//}(\Omega/\square)$	20.2	16.6	15.7
$\Delta R_G / R_{//}(\%)$	7.7	10.5	13.8
$\Delta R_G(\Omega/\square)$	1.56	1.73	2.17

此外，当在自旋阀钉扎层中间或自由层外边界插入纳米氧化层时，如典型结构为：Ta/NiFe/IrMn/CoFe/NOL1/CoFe/Cu/CoFe/NOL2/Ta，可以显著提高自旋阀的磁电阻率和热稳定性，并且能降低自由层和钉扎层间交换场。

（二）电流垂直平面（CPP）自旋阀

在最初的各种高性能硬磁盘驱动器中，以电流方向在平面内（Current In Plane, CIP）的自旋阀读出磁头的应用最为普遍。目前，采用纳米氧化

层的 CIP 型自旋阀的 GMR 值已从 10% 提高到 20%，磁电阻变化 ΔR 达到 $2 \sim 4\,\Omega$，这似乎已经达到材料的性能极限。采用磁电阻变化率 20% 的 CIP 型自旋阀的薄膜材料可以达到 $100 \sim 200G/inch_2$ 的面记录密度，但对于 $100 \sim 200Gb/inch_2$ 以上的密度，需要开发新一代更高性能的读出磁头薄膜材料。

电流垂直于膜面（Current Perpendicular to Plane, CPP）型自旋阀作为最具潜力的下一代读出磁头材料已成为二十一世纪研究的热点，人们提出了很多方法对CPP型自旋阀进行改进。Aoshima将铁磁层$Co_{90}Fe_{10}$改为$Co_{75}Fe_{25}$，使磁电阻从1.98%提高到2.88%。Yuasa通过Cu的迭片结构将MR值提高到3%。Jiang将合成反铁磁结构引入CPP结构中，使磁电阻率从原来的0.83%提高到3.56%。Hoshinoa将纳米氧化层引入CPP自旋阀结构时，发现了较大的磁电阻提升，磁电阻比率从1.6%提高到了7.2%。

相对于 CIP 型自旋阀，CPP 型自旋阀主要拥有以下几方面的优势：首先，在 CPP 型自旋阀磁头结构中，磁头元件和屏蔽层是直接相连的，中间不需要用绝缘体隔开。这种结构有效的减小了整个磁头结构的尺寸，从而为实现更高的存储密度提供了可能性；第二，CPP 型自旋阀磁头结构中的屏蔽层的作用类似于热量接收器，因此可以允许较大的信号电流通过自旋阀从而产生较强的输出电压信号；第三，随着存储密度的提高，存储元件的尺寸大幅度减小，CIP 型自旋阀的 GMR 输出信号也将随之减小，而 CPP 型自旋阀则正好相反，随着尺寸的减小，GMR 输出信号反而增大，读出灵敏度高。

1.4 自旋电子的镜面反射

1.4.1 镜面反射原理及其在纳米氧化层自旋阀中的应用

如何提高自旋阀的巨磁电阻效应，人们想出了各种办法。1999年 Kamiguchi通过将自旋阀的部分被钉扎层和自由层进行氧化处理，引入厚度约为1nm 的氧化层薄膜，这一做法可成倍地提高自旋阀的巨磁电阻比率。这类引入了两层超薄氧化层的自旋阀被称为镜面反射自旋阀，其发现引起了国际自旋电子学研究领域的广泛关注。

在自旋阀或多层膜中，自旋极化传导电子的平均自由程 (mean free path, MFP) 不同，当两铁磁层磁矩 M 相互平行时，自旋与磁矩 M 相平行的电子的平均自由程大于自旋与磁矩 M 相反的电子。而相对于金属多层膜而言，自旋阀中的平均自由程会减小，这是由于非磁层的几何晶界对传导电子的漫散射作用，因而在金属多层膜中，两个不同自旋的平均自由程相差很大，自旋极化的传导电子具有很高的非对称性，从而有很高的磁电阻率（～100%），自旋阀中两自旋的平均自由程相差较小，磁电阻比率也小。如果在自旋阀中插入纳米氧化层，由于它们的界面比较平整，粗糙度大大小于传统自旋阀界面，因而在这些界面上产生的漫反射很小，却有很强的镜面反射。镜面反射被认为是自旋相关散射的一种，经过镜面反射后，电子的自旋方向不发生改变。典型的双纳米氧化层自旋阀中，电子在两纳米氧化层形成的镜面间来回反射，增加了自旋与两铁磁层磁矩相同的电子的平均自由程，从而提升了传导电子的自旋不对称性，得到了比传统自旋阀高得多的磁电阻变化率。自旋阀中镜面反射示意图如图 1–14 所示，其中，P代表镜面反射系数，P=0 代表没有镜面反射，P=1 代表在界面处 100% 镜面反射。

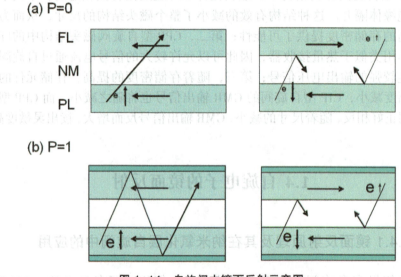

图 1–14 自旋阀中镜面反射示意图

不同制备工艺对纳米氧化层的结构影响很大，目前对于纳米氧化层自旋阀内氧化层的种类、插入位置、制备工艺、显微结构、相应巨磁电阻效应的测量和可能的机理研究已有许多报导。

Shen发现，经氧化处理后,仍有部分铁磁性CoFe金属未被氧化而残留在纳米氧化层中。因此,在磁性钉扎层和被钉扎层之间的纳米氧化物（NOL1）并不像其它文献报道的是完整氧化层,而是金属与氧化物共存的复杂结构。覆盖于自由层之上的氧化层,在溅射钽（Ta）保护层的过程中,与Ta 发生固相反应（$CoFeO_x + Ta \rightarrow CoFe + TaO_x$），从而形成$TaO_x$氧化层（NOL2）。

Sant应用三种不同氧化方法：自然氧化、等离子氧化和低能离子束氧化的方法分别制备了处于相同位置的纳米氧化层自旋阀。图1-15为不同氧化条件下制备的底自旋阀和双自旋阀的磁电阻变化率曲线。研究发现，等离子体氧化，低能离子束氧化对自旋阀GMR值的提高是等效的。有NOL的自旋阀的MR值均超过了12%，较无NOL的自旋阀提高了30%，双自旋阀中GMR值达到了18.5%。

氧化过程如下：

自然氧化：将纯氧通入真空室中，当氧气与基片接触时，与其上刚镀的薄金属层发生反应，生成纳米氧化层。

远程等离子氧化（原子束氧化）：将氧原子直接溅射到金属薄膜上，并与之发生反应，没有从发射源激发出的离子协助。

低能离子束氧化：通过辅助发射源发射出的低能离子束，使CoFe与到达的氧离子发生反应，生成纳米氧化层。

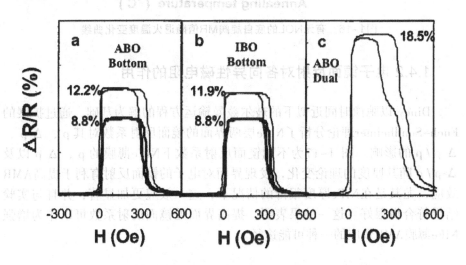

图1-15　不同氧化条件下底自旋阀和双自旋阀的磁电阻变化率曲线

Jang发现Ta/NiFe/IrMn/CoFe/NOL/CoFe/Cu/CoFe/Cu/Ta纳米氧化层自旋阀在250-300℃退火后会有一个较高的MR值，并且在300℃时仍有较好的MR值和热稳定性（见图1-16）。退火后NOL结构会变好，界面更加平滑，产生更大的镜面反射效应，从而提高GMR值。热稳定性提高是由于纳米氧化层的存在阻止了退火过程中Mn原子向磁性层的扩散。

虽然，纳米氧化层对自旋阀中GMR值的提高起到了重要的作用，但如要应用到工业中去仍有一些挑战性的问题有待解决。例如，NOL的热稳定性，NOL形成过程中氧化程度及氧化后结构的控制等。

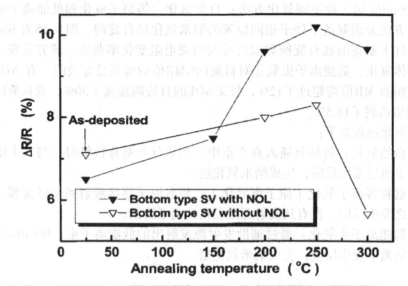

图1-16　有无NOL的底自旋阀MR值随退火温度变化曲线

1.4.2 电子镜面反射对各向异性磁电阻的作用

Diney 以驰豫时间近似下的玻尔兹曼输运方程的解为基础，通过扩展的Fuch-Sondheimer理论分析了NiFe层两界面的镜面反射系数对其 ρ ，$\Delta\rho$ ，$\Delta\rho/\rho$ 的影响。图 1-17为不同镜面反射系数下NiFe薄膜的 ρ ，$\Delta\rho$ 以及 $\Delta\rho/\rho$ 随其厚度的理论变化，发现界面对电子的镜面反射有利于提高AMR效应，尤其是在NiFe厚度很薄的情况下，这一效应更加显著，并且与实验结果符合得很好。这一结果表明，提高界面处镜面反射系数可以作为增强NiFe薄膜AMR效应的一种可能途径。

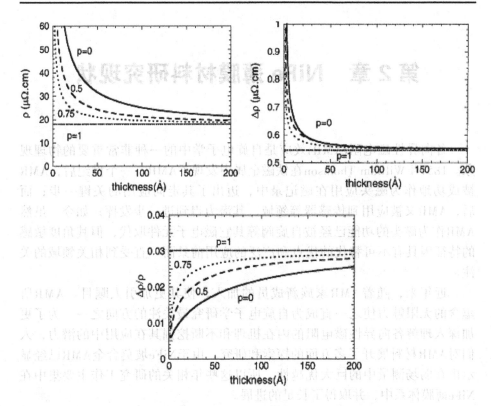

图 1-17 不同镜面反射系数 P 下 NiFe 薄膜的 ρ，Δρ，Δρ/ρ 随 NiFe 厚度的
理论变化曲线

第 2 章　NiFe 薄膜材料研究现状

各向异性磁电阻(AMR)效应是自旋电子学中的一种非常重要的物理现象。1857年William Thomson在铁磁金属中发现了AMR；一个世纪后，AMR被成功地作为磁头应用在磁记录中，迈出了其走向应用的关键一步；而后，AMR又被应用到传感器等领域，其潜力得到进一步发挥；如今，虽然AMR作为磁头的功能已经被自旋阀等其它磁电子元件取代，但其角度敏感的特征因具有不可替代的优点和广泛的应用前景而一直受到相关领域的关注。

近年来，随着AMR家族新成员的加入，使其更加引人瞩目。AMR所蕴含的无限魅力使之一直成为自旋电子学研究最关注的方向之一。为了更加深入理解各向异性磁电阻的内在机理和不断挖掘其在应用中的潜力，人们对AMR材料展开了多方面的探索和研究。由于NiFe坡莫合金AMR已经显示出在弱场测量中的巨大优越性，所以这些年相关的研究工作主要集中在NiFe薄膜体系中，并取得了长足的进展。

2.1 成分与厚度对电输运性能影响研究

NiFe合金体材和薄膜（2500Å）的$\Delta\rho/\rho$和Ni含量的关系曲线示于图2-1。从图中可以看出，对于体材时NiFe材料，$\Delta\rho/\rho$最大值出现在$Ni_{90}Fe_{10}$附近。必须指出的是，在薄膜材料中，由于材料微结构的影响，可能造成上述的$\Delta\rho/\rho$峰值对应的成分变动。对于体材和薄膜，NiFe合金的$\Delta\rho/\rho$和成分并不符合，原因是磁致伸缩。从AMR器件应用来看，比较适合的成分应具有高$\Delta\rho/\rho$值、低饱和场及零磁致伸缩。$Ni_{81}Fe_{19}$是比较常用的AMR材料。

对于NiFe薄膜材料而言，$\Delta\rho/\rho$会随着薄膜厚度的增加而变大，最终饱和。随着薄膜厚度的下降，其电阻率ρ将会增大。究其原因，则是表面、晶界对传导电子的散射增强所致。Fuchs和Sondheimer考虑了表面对传导电子运动造成的附加阻碍作用，导出了电阻率和膜厚的关系。如传导电子的

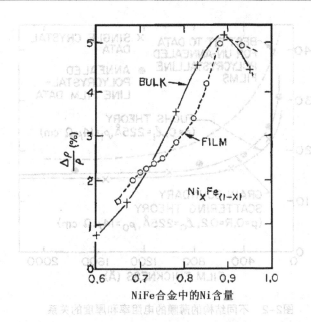

图2-1　NiFe合金体材和薄膜（2500Å）的 $\Delta\rho/\rho$ 和Ni含量的关系

平均自由程为 l_0 ，膜厚为 t 。 对于较厚的薄膜，即 $l_0 < t$ 时，电阻率可以根据下式计算：

$$\rho = \rho_0[1+\frac{3}{8}(l_0/t)] \tag{2-1}$$

对于很薄的薄膜，即t≪l0时，其电阻率可表示成：

$$\rho = \rho_0\frac{4l_0}{3}\times\frac{1}{[\ln(l_0/t)+0.423]} \tag{2-2}$$

式中， ρ_0 为块状材料的电阻率， ρ 为测量值。

Mayadas对Fuchs的理论进行了修正，考虑了晶界对电子的散射，使得理论和多晶薄膜的实验更加符合（见图2-2）。Rijks在研究Ta/Ni$_{80}$Fe$_{20}$/Ta薄膜中晶界对电子的散射时发现，晶界不仅是重要的散射源，而且能导致有效的自旋相关散射。

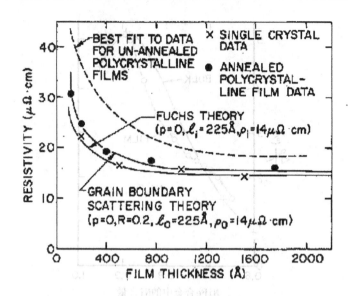

图2-2　不同结构的薄膜的电阻率和厚度的关系

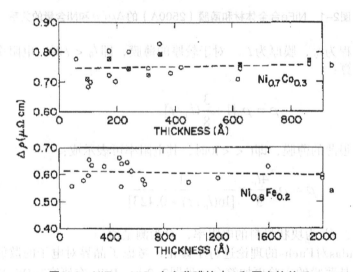

图2-3　NiFe、NiCo合金薄膜的 $\Delta\rho$ 和厚度的关系

　　早期的研究发现，厚度对 $\Delta\rho$ 的影响似乎不大（见图2-3），但最近研究发现，$\Delta\rho$ 也会随厚度的增加逐渐变大，在某个厚度饱和。

　　薄膜的厚度对AMR器件非常重要，较小的厚度可以减小薄膜的退磁场，提高AMR传感器的工作性能。然而，对于单层的NiFe薄膜，当厚度小于200 Å时，$\Delta\rho/\rho$ 减小到不足2%，这会大大降低器件的灵敏度。因此当膜厚较小时，必须采取其它措施提高 $\Delta\rho/\rho$。在微结构方面，使用合适的种子层是一种非常有效的方法，工艺上，合适的基底、退火、提高真空度、适当的溅射速率及制膜时沿膜面加磁场都可能提高AMR。

　　还有一点需要指出的是，对于AMR薄膜而言，厚度不能无限减小。超过一定厚度时，AMR的各种性能急剧恶化，甚至不再具有铁磁性。

2.2 晶粒尺寸与织构对电输运性能影响研究

　　对于NiFe薄膜来说，大的晶粒尺寸可以减小薄膜中晶界的总面积，进而减小晶界对传导电子的散射，减小薄膜的电阻率，提高 $\Delta\rho/\rho$。

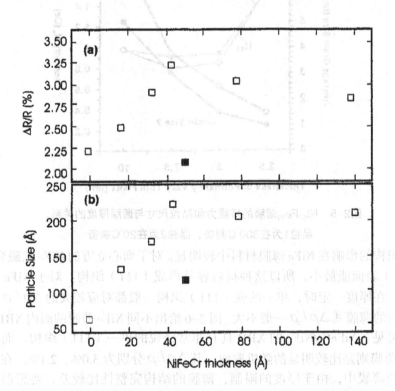

图2-4　$Ni_{0.49}Fe_{0.12}Cr_{0.39}/Ni_{0.81}Fe_{0.19}$薄膜的 $\Delta R/R$（a）和颗粒尺寸（b）和
$Ni_{0.49}Fe_{0.12}Cr_{0.39}$厚度的关系，$Ni_{0.81}Fe_{0.19}$层为120Å，"■"为Ta（50Å）/$Ni_{0.81}Fe_{0.19}$
（120 Å）薄膜的数据

图2-4给出在不同厚度NiFe面内晶粒尺寸和$\Delta R/R$的对应关系。可见，晶粒的长大可大大提高薄膜的$\Delta R/R$。问题在于，对于一定厚度薄膜，由于薄膜的生长过程是一个不平衡过程，薄膜在沿厚度方向容易生长，而沿膜面方向晶界难于迁移，造成其面内晶粒尺寸很小。采用合适的种子层，使得AMR薄膜在其上尽可能实现外延生长，可以得到大的晶粒尺寸。而工艺上，使用合适的基底、适当的溅射速率及退火也可能提高$\Delta \rho/\rho$。

晶粒尺寸对矫顽力的影响也很大，图2-5给出Ni81Fe19合金薄膜的晶粒尺寸和矫顽力的关系。对应大的晶粒尺寸，矫顽力小。

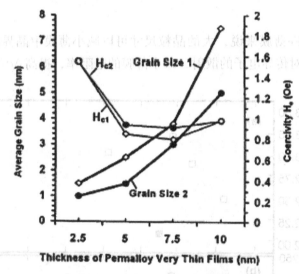

图2-5　Ni$_{81}$Fe$_{19}$薄膜的矫顽力和晶粒尺寸与薄膜厚度的关系，
晶粒1为在300℃制备，晶粒2为在20℃制备

织构的影响在NiFe薄膜材料中较明显。对于面心立方的NiFe软磁合金，（111）表面能最小，所以这种材料容易形成（111）织构。对于NiFe合金薄膜，在厚度一定时，单一的强（111）织构一般都对应较大的$\Delta \rho/\rho$，随机取向的薄膜其$\Delta \rho/\rho$一般不大。图2-6给出不同NiFe薄膜的面内XRD图。由图可见，NiFeCr/NiFe的XRD具有非常锋锐的单一（111）织构，而单层NiFe薄膜则是比较明显的随机取向，其$\Delta \rho/\rho$分别为3.0%、2.1%。在厚度较小的薄膜中，由于厚度的限制，薄膜的结构完整性比较差，要想形成单一（111）织构并不容易。合适的种子层如Ta、NiFeCr能诱导很强的NiFe（111）织构。

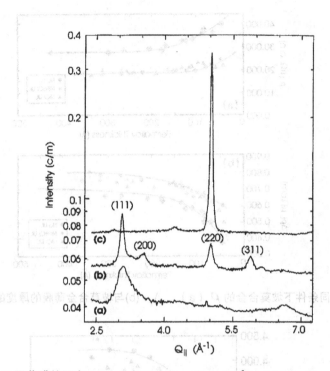

图2-6　不同薄膜的面内XRD：(a) $Ni_{0.49}Fe_{0.12}Cr_{0.39}$(50Å)；(b) $Ni_{0.81}Fe_{0.19}$(120Å)；(c) $Ni_{0.49}Fe_{0.12}Cr_{0.39}$(50Å)/ $Ni_{0.81}Fe_{0.19}$(120Å),(b)和(c)的 $\Delta\rho / \rho$ 分别为3.0%、2.1%。

2.3 不同种子层对电输运性能影响研究

种子层对NiFe薄膜材料的影响非常大，好的种子层不仅能大大提高薄膜的 $\Delta\rho / \rho$ ，而且热稳定性好，即在种子层和NiFe薄膜界面处基本不发生扩散及界面反应。种子层的作用可以体现三个方面：（1）能在厚度很小时获得高的 $\Delta\rho / \rho$ ；（2）能诱导NiFe很强的（111）织构；（3）能得到大的晶粒尺寸。采用种子层来改善NiFe薄膜的微结构，有两个因素影响着薄膜的生长过程：（1）种子层和NiFe薄膜之间界面的界面能差；（2）界面晶格的匹配。

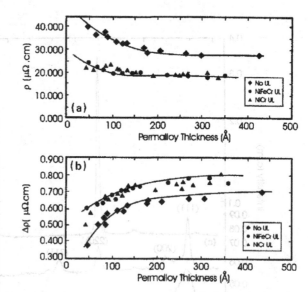

图2-7　不同条件下坡莫合金的 ρ（a）、$\Delta\rho$ (b)与坡莫合金薄膜的厚度的关系

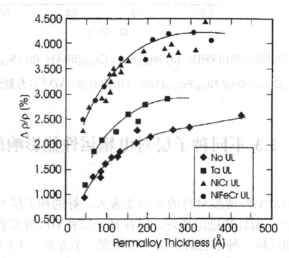

图2-8　不同条件下坡莫合金的 $\Delta\rho/\rho$ 与坡莫合金薄膜的厚度的关系

　　早期用Ti作种子层材料，但Ti与NiFe之间容易扩散，热稳定性不好，而且对 $\Delta\rho/\rho$ 的作用也不大。为减小种子层的分流作用，也有用MgO的。Ta是最常用的种子层材料，它能诱导很强的NiFe（111）织构。可Ta和NiFe会发生界面反应，降低NiFe的磁性能。NiFeCr、NiCr是目前发现效果最好的种子层材料，如12nm厚NiFe薄膜的 $\Delta\rho/\rho$ 值在没有高温沉积和退火的条

件下已经达到3.2%，而且经过长时间高温退火后，缓冲层与NiFe之间的扩散不严重，系统磁学性能也没有显著下降。图2-7 给出不同条件下坡莫合金的 ρ、$\Delta\rho$ 与坡莫合金薄膜的厚度的关系。图2-8 给出不同条件下坡莫合金的 $\Delta\rho/\rho$ 与坡莫合金薄膜的厚度的关系。从图可以看出，与没有种子层相比，$\Delta\rho$ 变大了，ρ 则减小了，变化的幅度都很明显，最终的结果使 $\Delta\rho/\rho$ 增加了。进一步研究表明，对120Å的NiFe薄膜，NiFeCr种子层的使用，使得NiFe薄膜（111）织构显著增强，而其面内晶粒尺寸随着NiFeCr种子层的厚度的增加而变大，直至在42Å达到一个饱和值220Å。

　　种子层对AMR薄膜矫顽力的影响也很显著。图2-9给出了$Ni_{81}Fe_{19}$薄膜的矫顽力和厚度的关系。从图中可看出，有Ta种子层时，$Ni_{81}Fe_{19}$薄膜的矫顽力有一些增加。

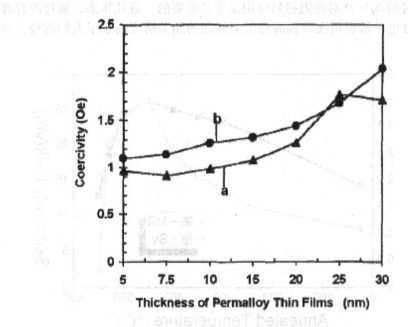

图2-9　$Ni_{81}Fe_{19}$薄膜的矫顽力和厚度的关系:

（a）glass/ $Ni_{81}Fe_{19}$; (b) glass/ Ta(5nm)/$Ni_{81}Fe_{19}$

　　必须指出的是，NiFe薄膜的微结构决定了材料的 $\Delta\rho/\rho$，而微结构又受材料的制备工艺控制，要得到性能比较优异的NiFe薄膜，除了选用合适的种子层，还必须找到合适的制备工艺。对于薄膜材料，影响材料微结构的工艺因素主要有：（1）基底（Substrate）；（2）真空度；（3）溅射速率；（4）退火；（5）制膜过程中加热基底。这5种工艺影响着材料晶粒尺寸、内应力及织构。制备薄膜时沿膜面加一定大小的磁场也可以显著提

高薄膜的 $\Delta\rho/\rho$，但是它对NiFe薄膜的微结构影响较小，它主要影响材料的磁结构。

2.4 利用界面插层提高电输运性能研究

目前，Ni81Fe19合金薄膜由于其低矫顽力、近零磁致伸缩的优点，是最常用的AMR材料。但是，对于AMR器件来说，要求NiFe薄膜的厚度较薄，以减小其退磁场，而NiFe在厚度为90Å时，其 $\Delta\rho/\rho$ 仅为1.56%，这会降低器件的输出信号，不利于其应用。继续提高传统的NiFe合金薄膜在厚度较小时的 $\Delta\rho/\rho$ 对磁阻材料应用是非常重要的。近几年来，通过改善薄膜界面处电子散射情况以提高磁电阻性能的相关研究引起了人们的极大兴趣。

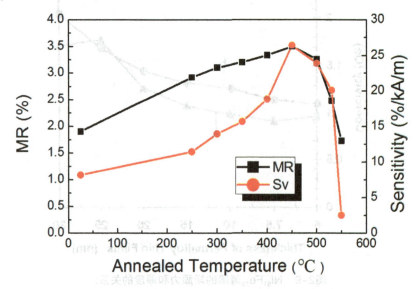

图2-10 Ta/MgO/NiFe(10 nm)/MgO/Ta结构薄膜在不同退火温度下的MR
以及S_v随退火温度变化关系曲线

Dieny等人研究发现，通过改变界面处的镜面电子反射系数，可以有效地降低材料的本底电阻率，从而提高超薄薄膜的MR。这一研究表明，提高界面处镜面反射系数可以作为增强NiFe薄膜AMR效应的一种可能途径。近年来，我们通过对一系列纳米氧化物插层的研究，发现在Ta/NiFe/Ta结构的薄膜中插入MgO，经过450℃退火后AMR的性能得到极大提高（图2-10）。

对于NiFe厚度为10nm的该结构薄膜而言，经450℃退火后，MR值由1.89%提高至3.50%，Sv从0.65%/Oe提高至2.1%/Oe。这些都远远超过Dieny等人所预测的理论值。通过微结构分析表明，MgO在退火后大量晶化，其对自旋电子起到了明显的镜面散射作用，使得薄膜的MR及Sv显著提高。这使新一代高灵敏度AMR传感器的设计前进了一大步。

此外，考虑到Pt具有强自旋轨道耦合作用，我们又通过在Ta/NiFe/Ta中增加界面Pt插层的办法，显著地提高了NiFe的各向异性磁电阻变化。这是由界面的Pt原子对自旋电子的强自旋轨道相关散射作用引起的。同时，Pt插层还可以抑制界面间的磁死层和避免在热处理时Ta和NiFe的互扩散。

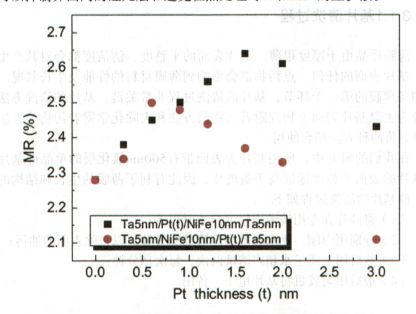

图2-11　NiFe薄膜磁电阻值随Pt界面插层厚度的变化曲线

在以往的研究中，Lee和Tsann等人用NiFeCr和NiCr做底层，提高了坡莫合金的磁电阻，但同时也增加了矫顽力。考虑到NiFe在NiFeCr上可以外延生长，再加上Pt的强自旋轨道耦合作用，我们设计了全金属高灵敏度NiFeCr/NiFe/Pt/Ta结构的薄膜材料。这种结构通过NiFe在NiFeCr上外延式生长，以及界面Pt原子对自旋电子的强自旋轨道相关散射作用，薄膜的磁场灵敏度可以到达1.8%/Oe。这种全金属NiFe薄膜的MR值和S，虽然不如引入MgO插层的NiFe薄膜，但其不需要高温退火就具有很高的Sv，这比较有利于生产。另外，金属之间的热膨胀系数比较接近，避免了器件产生较高的噪音，使其具有很好的应用前景。

第3章 薄膜制备及结构性能表征方法

3.1 薄膜制备

3.1.1 基片清洗过程

薄膜样品由于厚度很薄，基片表面的平整度、清洁度都会对其产生影响，基片表面的任何一点污物都会影响到薄膜材料的性能及生长状况。作为制备薄膜的第一个环节，基片的清洗过程非常关键。基片的清洗方法一般分为去除基片表面上物理附着污物的方法和去除化学附着污物的方法，通常是将两种方法结合使用。

在我们的研究中，所用基片为表面带有500nm氧化层的单晶硅基片。硅基片的表面平整度远远高于盖玻片，因此有利于薄膜的生长和结构的分析。硅基片的清洗过程如下：

（1）将硅片在专用洗液中浸泡24小时以上；

（2）分别用丙酮、无水乙醇超声清洗30分钟，以去除表面的油污；

（3）然后用去离子水超声清洗两次，每次15分钟；

（4）最后用匀胶机将基片甩干，备用。

3.1.2 薄膜样品制备

薄膜的制备方法以气相沉积方法为主，包括物理气相沉积（PVD）方法和化学气相沉积（CVD）方法。物理气相沉积中只发生物理过程，化学气相沉积中包含了化学反应过程。

常用的物理气相沉积方法是真空蒸发。分子束外延是一种超高真空中进行的缓慢的真空蒸发过程，它可以被用来生长外延的单晶薄膜。溅射是真空蒸发外最常用的物理沉积方法。溅射过程需要在真空系统中通进少量惰性气体（如氩气），使它放电产生离子（Ar^+），惰性气体离子经偏压加速后轰击靶材（阴极），溅射出靶材原子到衬底上形成薄膜。溅射和蒸发不同，溅射是入射粒子和靶的碰撞过程。入射粒子在靶中经历复杂的散射过程，和靶原子碰撞，把部分动量传给靶原子，此靶原子又和其它靶原子碰撞，形成级联过程。在这种级联过程中某些表面附近的靶原子获得向外运动的足够动量，离开靶被溅射出来。

溅射具有如下特点：

（1）溅射粒子（主要是原子，还有少量离子等）的平均能量达几个电子伏，比蒸发粒子的平均动能高得多（3000 K蒸发时平均动能仅0.26 eV），溅射粒子的角分布与入射离子的方向有关。

（2）入射离子能量增大（在几千电子伏范围内），溅射率（溅射出来的粒子数与入射离子数之比）增大。入射离子能量再增大，溅射率达到极值；能量增大到几万电子伏，离子注入效应增强，溅射率下降。

（3）入射离子质量增大，溅射率增大。

（4）入射离子方向与靶面法线方向的夹角增大，溅射率增大（倾斜入射比垂直入射时溅射率大）。

（5）不同靶材的溅射率很不相同，不同元素间溅射率的差别可以大到一个数量级。

通常的溅射方法，溅射效率不高。为了提高溅射效率，首先需要增加气体的离化效率。为了说明这一点，先讨论一下溅射过程：当经过加速的入射离子轰击靶材（阴极）表面时，会引起电子发射，在阴极表面产生的这些电子，开始向阳极加速后进入负辉光区，并与中性的气体原子碰撞，产生自持的辉光放电所需的离子。这些所谓初始电子的平均自由程随电子能量的增大而增大，但随气压的增大而减小。在低气压下，离子是在远离阴极的地方产生，从而它们的热壁损失较大，同时，有很多初始电子可以以较大的能量碰撞阳极，所以引起的损失又不能被碰撞引起的次级发射电子抵消，这时离化效率很低，以致于不能达到自持的辉光放电所需的离子。通过增大加速电压的方法也同时增加了电子的平均自由程，从而也不能有效地增加离化效率。虽然增加气压可以提高离化率，但在较高的气压下，溅射出的粒子与气体的碰撞的机会也增大，实际的溅射率也很难有大的提高。

如果加上一平行于阴极表面的磁场，就可以将初始电子的运动限制在邻近阴极的区域，从而增加气体原子的离化效率。常用磁控溅射仪主要使用圆筒结构，这种结构中，磁场方向基本平行于阴极表面，并将电子运动有效限制在阴极附近，其结构见示意图3-1。

磁控溅射主要分为直流（DC）磁控溅射和射频（RF）磁控溅射。射频磁控溅射相对于直流磁控溅射的主要优点是，它不要求作为电极的靶材是导电的。因此，理论上利用射频磁控溅射可以溅射沉积任何材料。由于磁

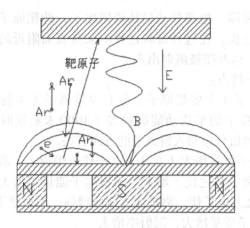

图3-1　磁控溅射原理示意图

性材料对磁场的屏蔽作用，溅射沉积时它们会减弱或改变靶表面的磁场分布，影响溅射效率。因此，磁性材料的靶材需要特别加工成薄片，尽量减少对磁场的影响。

在我们的研究中，薄膜样品是在AJA公司制造的ATC-1800 F型五靶超高真空磁控溅射系统上进行制备的。溅射系统由两个真空室构成：主真空室用于溅射薄膜，预真空室用于更换样品。其中，主真空室采用五靶共溅射模式，所有靶枪保持同一个固定的圆心。基片最大加热温度为850℃，在基片位置沿平行膜面方向可加大小为300 Oe的横向磁场，以诱导薄膜易磁化方向。设备配有由计算机控制的挡板，可以精确控制溅射时间。极限真空为$2.0 \times 10^{-6}\,Pa$。

3.1.3 元件制备方法

将制备好的薄膜通过光刻微加工工艺制成一定形状的磁阻图形，切片后将磁阻图形单元固定在印制电路板上，通过压焊引出电极。元件的基本单元包括磁阻条和在其上的电极。与薄膜制备工艺不同，元件制备工艺步骤相对较多，主要包括：薄膜清洗、旋转涂胶、前烘、对准曝光、中烘、显影、后烘（坚膜）、刻蚀、去胶。基本工艺流程如图3-2所示。元件制备的关键工艺如下：

（一）旋转涂胶

将基片放置在转动台上，滴上光刻胶，启动匀胶机让转动台高速旋转，这样就可以在基片表面形成所需要的光刻胶薄膜。匀胶机的转速和光刻胶的粘度将决定光刻胶薄膜的厚度和均匀性。涂胶的质量要求是：

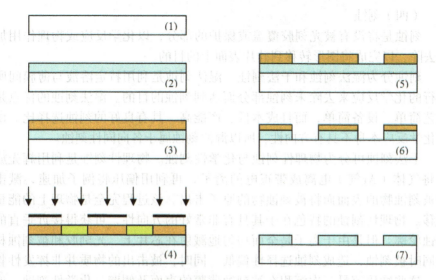

图 3-2　典型正胶光刻工艺流程

(1)基片准备; (2)薄膜沉积; (3)匀胶及前烘; (4)对准及曝光; (5)显影; (6)刻蚀; (7)去胶

（1）膜厚符合设计的要求，同时膜厚要均匀；

（2）胶层内无点缺陷（如针孔等）；

（3）涂层表面无尘埃和碎屑等颗粒。

（二）对准曝光

光刻胶的工作原理是通过曝光（可见光或者其他射线）改变光刻胶在显影液中的溶解度。根据不同的曝光光源，曝光可分为光学曝光、X射线曝光、电子束曝光和离子束曝光。在光学曝光中，根据掩膜板的位置，可分为接触式曝光、接近式曝光和投影式曝光。

对准和曝光是光刻工艺中最关键的工序，它直接关系到光刻的分辨率、留膜率、线宽控制和套准精度。由于集成电路工艺流程中有多层图形，每层图形与其他层的图形都要有精确的相互位置关系，所以在曝光之前，需要进行精确地定位，然后才能曝光，将掩膜板上的图形转移到光刻胶上。

（三）显影

显影就是用溶剂去除未曝光部分（负胶）或曝光部分（正胶）的光刻胶，在基片上形成所需要的光刻胶图形。显影剂的浓度和温度是影响图形质量的主要因素，在要求高分辨率的情况下应采用高强度曝光量、低浓度显影剂。控制显影的时间也是光刻中的一个重要因素。在显影后应立即用去离子水清洗并吹干。

（四）刻蚀

刻蚀是将没有被光刻胶覆盖或保护的部分，以化学反应或物理作用加以去除，以完成将图形转移到硅片表面上的目的。

刻蚀分为湿法刻蚀和干法刻蚀。湿法刻蚀是利用特定溶液与薄膜间所进行的化学反应来去除未刻蚀部分而达到刻蚀的目的。湿法刻蚀的优点是工艺简单、设备简单，而且成本低、产能高，具有良好的刻蚀选择比。由于化学反应本身不具有方向性，所以湿法刻蚀属于各向同性刻蚀。

干法刻蚀可分为物理性刻蚀与化学性刻蚀。物理性刻蚀是利用辉光放电将气体（Ar气）电离成带正电的离子，再利用偏压将例子加速，溅击在被刻蚀物的表面而将被刻蚀物的原子击出。该过程完全是物理上的能量转移。物理性刻蚀的特色在于其具有非常好的方向性，可获得接近垂直的刻蚀轮廓。但是由于离子是全面均匀地溅射在芯片上，光刻胶和被刻蚀材料同时被刻蚀，造成刻蚀选择性偏低。同时，被击出的物质并非挥发性物质，这些物质容易二次沉积在被刻蚀薄膜的表面及侧壁。化学性刻蚀，或称等离子体刻蚀，是利用等离子体将刻蚀气体电离并形成带电离子、分子及反应性很强的原子团，它们扩散到被刻蚀薄膜表面后与被刻蚀薄膜的表面原子反应生成具有挥发性的反应物，并被真空设备抽离反应腔。化学性干法刻蚀具有与湿法刻蚀类似的优点和缺点。

在半导体集成电路制备工艺中，最为规范的使用方法是结合物理性的离子轰击与化学反应的刻蚀。这种方式兼具非等向性与高刻蚀选择比的双重优点。

3.1.4 样品的真空退火处理

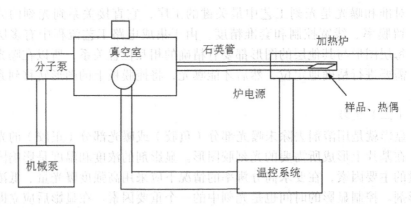

图3-3　真空退火炉示意图

在我们的研究中，薄膜样品是在自制的真空退火炉中进行退火。退火炉结构如图3-3所示，主要包括加热设备、温控仪、热电偶、真空设备、真空计、样品架等。利用电阻热效应作为加热源，并通过智能控温仪精确控制温度变化。样品架放在石英管中，由机械泵和分子泵同时抽真空，真空度可以通过复合真空计测得，优于3×10^{-5} Pa。退火时沿平行于膜面易轴方向加磁场。

3.2 薄膜结构性能表征方法

薄膜研究的方法很多，它们分别被用来研究薄膜的物理性质、化学价态和微结构。我们利用标准四探针法测量薄膜的磁电阻值；利用振动样品磁强计（VSM）测量薄膜的磁性；利用X射线光电子能谱（XPS）研究薄膜中界面处元素的化学价态；利用X射线衍射（XRD）和透射电子显微镜（TEM）研究薄膜的微结构。

3.2.1 标准四探针法

四探针法是目前最为常用的测量薄膜电阻率的方法，它可以用来测量金属薄膜、半金属薄膜和半导体薄膜的电阻率。图3-4显示了四探针法测量金属薄膜电阻率的原理图。测量时，让四探针的针尖同时接触到薄膜表面上，四探针的外侧二个探针同恒流源相连接，四探针的内侧二个探针连接到电压表上。当电流I从恒流源流出流经四探针的外侧二个探针时，流经薄膜产生的电压V将可从电压表中读出。因此，薄膜的电阻$R = V / I$，如果薄膜的电阻率为ρF、厚度为d，薄膜电阻R所对应的长度为L1、宽度为L2，则有：

$$\rho_F = \frac{L_2}{L_1} \times R \times d \qquad (3-1)$$

$\frac{L_2}{L_1}$的值同四探针的探针间距和电流在薄膜平面内的分布状况有关，随着四探针接触区域周围的薄膜平面尺寸的增大，其值逐渐增大，趋于达到一稳定值，当四探针接触区域周围的薄膜平面尺寸为无穷大时，有：

$$\frac{L_2}{L_1} = \frac{\pi}{h\,2} = 4.5324 \qquad (3\text{-}2)$$

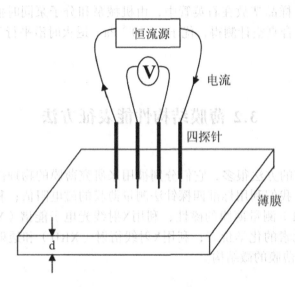

图3-4　四探针法测量金属薄膜电阻率的原理图

在我们的研究中，薄膜及元件的磁电阻值通过自搭建的四探针设备进行测量。在四探针测试信号的基础上，样品的磁电阻效应值定义为：

$$\frac{\Delta R}{R} = \frac{R - R_0}{R} = \frac{V - V_0}{V} \qquad (3\text{-}3)$$

其中 R 和 R_0 分别为有外场和无外场作用下样品的电阻，V 和 V_0 为相应的从四探针获取的电压。

3.2.2 振动样品磁强计

振动样品磁强计首先由弗尼尔（S. Foner）提出，他对磁强计的结构、各种检测线圈及其对灵敏度的影响等问题做了详尽的讨论。利用振动样品磁强计可直接测量各种磁性样品的磁矩。若已知样品密度和退磁因子，可以方便地求出材料的饱和磁矩、磁化强度以及磁滞回线等参数。振动样品磁强计主要是由振动系统、探测线圈、电磁铁、电子检测仪器以及高斯计等组成，其结构如图3-5所示。

将各向同性的小球样品置于均匀磁场中，球体在外磁场的方向上均匀

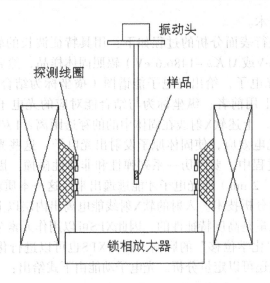

图3-5 振动样品磁强计结构示意图

磁化。如果样品的尺寸远小于样品到检测线圈的距离，则可以把小球样品近似认为是一个磁矩为 m 的磁偶极子，这个磁矩在数值上等于球体中心的总磁矩。而球本身所产生的磁场则可等效于这个磁偶极子取平行于磁场方向所产生的磁场。当小球振动时，探测线圈感生出一电动势，其大小正比于样品的磁矩。如果已知饱和磁化强度、体积的标准样品的感应电压，由比较法就可以求出被测样品的磁化强度。

在振动样品磁强计中，因为样品的体积小，外磁场在样品所在的小范围内容易均匀，而且探测线圈与外磁场是相对静止的，即使外场存在某些不均匀性，也不会在线圈中引起感应电动势，因此测量精度高，稳定性好。另外，振动样品磁强计所产生的探测信号频率固定，用比较简单的电子技术并改进探测线圈，灵敏度可以做的非常高。由于此方法灵敏度高，且样品是在均匀磁场中磁化的，能够准确地测量磁矩和磁场关系曲线。可以很方便地用来研究在外场下物质的磁性。

3.2.3 X射线光电子能谱

X射线光电子能谱（XPS）又被称为化学分析用电子能谱（ESCA），它是以 X射线为探针，检测由表面出射的光电子来获取表面信息的。这些光电子主要来自表面原子的内壳层，携带有表面丰富的物理和化学信息。XPS由于其高信息量，对广泛样品的适应性，以及坚实的理论基础成为一种普及的表面分析技术。

利用XPS进行表面分析的过程如下：用具特征波长的软X射线（常用 Mg K_α –1253.6 eV或Al K_α –1486.6 eV）辐照固体样品，然后按动能收集从样品中发射的光电子，给出光电子能谱图（横坐标为结合能—BE，或动能—KE，习惯上用前者；纵坐标为与结合能对应的光电子计数/秒，即N（E）—BE图）。上述软X射线在固体中的的穿透距离 $\geq 1\ \mu m$。在X射线路经途中，通过光电效应，使固体原子发射出光电子。这些光电子在穿越固体向真空发射过程中，要经历一系列弹性和非弹性碰撞。因而只有表面下一个很短距离（~2 nm）的光电子才能逃逸出来。这一本质就决定了XPS是一种表面灵敏的分析技术。入射的软X射线能电离出内层以上电子，并且这些内层电子的能量是高度特征性的。因此XPS可以用作元素分析。同时，由于这种能量受"化学位移"的影响，因而XPS也可以进行化学态分析。另外，从谱峰强度还可以定量分析。光电子动能由下式给出：

$$K_E = h\nu - BE - \Phi_S \qquad\qquad (3\text{-}4)$$

式中 $h\nu$—入射光子能量；

BE—发射电子在原子轨道中的结合能；

Φ_S—能谱仪功函数。

式（3-4）意义可见图3-6。光电离过程中，除了发射光电子外，同时还通过弛豫（去激发）过程，发射俄歇电子（见图3-7）。在光电发射后，约经10-14秒，即发射俄歇电子。这两类电子的区别在于：光电子动能与入射光子能量有关；而俄歇电子动能与激发光子能量无关，其值等于初始离子与带双电荷的终态离子之间的能量差。

XPS采用两种方法做深度剖析。第一种为变角XPS法。变角XPS深度分析是一种非破坏性的深度分析技术，但只能适用于表面层非常薄（1~5 nm）的体系。其原理是利用XPS的采样深度与样品表面出射的光电子的接收角的正弦关系，可以获得元素浓度与深度的关系。取样深度（d）与掠射角（α）的关系如下：d = 3 λ sin（α）. 当 α 为90° 时，XPS的采样深度最深，当 α 为5° 时，可以使表面灵敏度提高10倍。在运用变角深度分析技术时，必须注意下面因素的影响：（1）单晶表面的点阵衍射效应；（2）表面粗糙度的影响；（3）表面层厚度应小于10 nm。

第二种为离子束溅射深度分析方法。Ar离子剥离深度分析方法是一种使用最广泛的深度剖析的方法，是一种破坏性分析方法，会引起样品表面晶格的损伤，择优溅射和表面原子混合等现象。其优点是可以分析表面层较厚的体系，深度分析的速度较快。其分析原理是先把表面一定厚度的元素溅射掉，然后再用XPS分析剥离后的表面元素含量，这样就可以获得元素沿样品深度方向的分布。由于普通的X光枪的束斑面积较大，离子束的束斑面积也相应较大，因此，其剥离速度很慢，深度分辨率也不是很好，其深度分析功能一般很少使用。此外，由于离子束剥离作用时间较长，样品元素的离子束溅射还原会相当严重。为了避免离子束的溅射坑效应，离子束的面积应比X光枪束斑面积大4倍以上。对于新一代的XPS谱仪，由于采用了小束斑X光源（微米量级），XPS深度分析变得较为现实和常用。

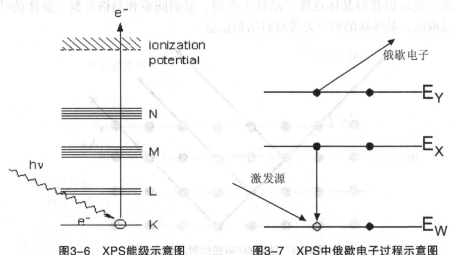

图3-6　XPS能级示意图　　　图3-7　XPS中俄歇电子过程示意图

　　在我们的研究中，薄膜样品的元素化学价态利用MICROLAB MK II型XPS分析仪测量，它具有三级真空室（进样室、制备室、分析室），极限真空可达到10-7 Pa。利用Al K_α 作为X射线源，能量分析极限为0.85 eV，电子枪的空间分析极限为50 nm，探测灵敏度大于1 %。分析室内配有离子枪，可进行表层的剥离，也可以进行深度剖析；此外X射线枪与样品表面的角度可调，进行变角度XPS分析，以测量不同深度的元素信息。

3.2.4 X射线衍射

　　晶体是由原子或原子团等按照一定规律在空间内有规律排列而构成的固体。当它被X射线照射后，各个原子散射X射线。这些散射线符合相干波的条件，因而产生干涉想象。衍射线就是经过相互干涉而加强的大量散射线所组成的射线。X射线研究晶体结构，实际上就是找出产生衍射线的条件，并将此条件换算为晶体结构。衍射现象发生的条件是布拉格方程：

$$2d_{hkl} \sin\theta_{hkl} = n\lambda$$

（3-5）

公式中，λ是入射的X射线的波长，d_{hkl}为晶体（hkl）晶面的面间距，θ_{hkl}为入射X射线与（hkl）晶面的夹角，$2\theta_{hkl}$为（hkl）晶面的衍射角（入射X射线和衍射X射线之间的角度），n为自然数（通常n=1）。

图3-8是晶体的X射线衍射几何示意图。公式（3-5）表明，当结晶样品的晶面与X射线之间满足布拉格方程时，X射线的衍射强度将加强。因此，通过测量入射X射线和衍射X射线之间的角度（衍射角）以及衍射强度分部，就可以获得晶体点阵（晶格）类型、晶面间距和晶格常数、晶体的结晶取向、晶体缺陷和应力等材料结构信息。

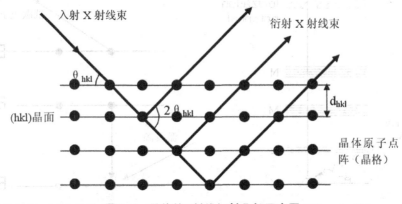

图3-8　晶体的X射线衍射几何示意图

衍射仪是进行X射线衍射实验专用的主要设备，它由X射线发生器、衍射仪测角台和探测器等组成。进行常规X射线衍射时，装在测角台上的多晶试样一般以θ角转动、探测器以2θ角转动。大多数仪器的转动轴沿垂直线，试样也垂直放置，转动轴沿水平线时，起始的试验也水平放置。探测器得到的是一般的X射线衍射谱，从一系列谱峰可以得到相应的一系列衍射晶面间距（d值），如果衍射图上各个峰对应的晶面间距值（d值）和某晶体的PDF卡（多晶粉末衍射卡）上的d值一致，就可以由衍射谱把晶体结构确定下来。

3.2.5 透射电子显微镜

透射电子显微镜是以波长很短的电子束做照明源，用电磁透镜聚焦成像的一种具有高分辨本领，高放大倍数的电子光学仪器。其显著特点是分辨本领高。目前世界上最先进的透射电镜的分辨本领已达到0.1nm，可用来直接观察原子像。

透射电子显微镜由电子光学系统、电源与控制系统及真空系统三部分组成。电子光学系统通常称镜筒，是透射电子显微镜的核心，它的光路原理与透射光学显微镜十分相似，如图3-9所示。它分为三部分，即照明系统、成像系统和观察记录系统。

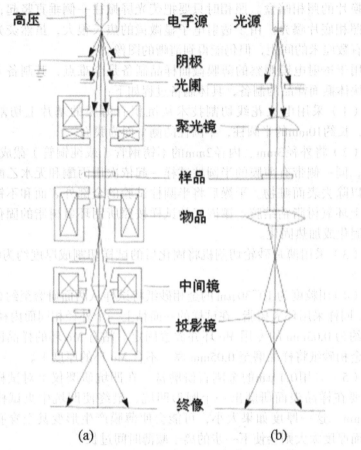

图3-9 透射显微镜构造原理和光路
（a）透射电子显微镜；（b）透射光学显微镜

照明系统由电子枪、聚光镜和相应的平移对中、倾斜调节装置组成。其作用是提供一束亮度高、照明孔径角小、平行度好、束流稳定的照明源。为满足明场和暗场成像需要，照明束可在2°~3°范围内倾斜。

成像系统主要是由物镜、中间镜和投影镜组成。物镜是用来形成第一幅高分辨率电子显微图像或电子衍射花样的透镜。透射电子显微镜分辨本领的高低主要取决于物镜。中间镜是一个弱激磁的长焦距变倍透镜，可在0~20倍范围调节。当放大倍数大于1时，用来进一步放大物镜像；当放大倍数小于1时，用来缩小物镜像。投影镜的作用是把经中间镜放大（或缩小）

的像（或电子衍射花样）进一步放大，并投影到荧光屏上，它和物镜一样，是一个短焦距的强磁透镜。

观察和记录系统包括荧光屏和照相机构，在荧光屏下面放置一个可以自动换片的照相暗盒。照相时只要把荧光屏掀往一侧垂直竖起，电子束即可使照相底片曝光。由于透射电子显微镜的焦长很大，虽然荧光屏和底片之间有数厘米的间距，但仍能得到清晰的图像。

用于透射电镜观察的薄膜截面样品制备是个难点，其制备方法可以推广到块体截面样品的制备，具体制备过程如下：

（1）采用电火花线切割技术从沉积有薄膜的基片上切割两个直径2mm，长约10mm的半圆柱，半圆柱的侧平面为膜面。

（2）将外径3mm、内径2mm的不锈钢管（或纯铜管）截成10mm长的小段，同一侧带有薄膜的半圆柱试样一起依次用丙酮和无水乙醇超声波清洗，以除去表面赃物。干燥后将半圆柱试验的全部外表面和不锈钢管内表面涂上环氧树脂粘结胶。镶嵌好的试样按照所用环氧树脂的固化要求进行室温固化或加热固化。

（3）采用薄片砂轮切割机将固化后的试样切割成厚度约为0.3mm的圆片。

（4）用粒度为 $10^-30\,\mu m$ 的金相砂纸将试样从两面研磨至约 0.1mm 厚，然后，同样采用环氧树脂，在试样的一面粘上一个外径相同而内径为1.5mm，厚度约为 0.03mm 的专用 Mo 环并放置固定。粘有 Mo 环的样品固化后，继续用金相砂纸将样品磨至 0.05mm 厚（不含 Mo 环的厚度）。

（5）采用0.1 μm 的金刚石研磨膏，在凹坑研磨仪上对试样面进行研磨。要在样品表面研磨出一个圆形凹坑，最终使凹坑中央试样厚度约为0.02mm。这一厚度如果太小，可能会使薄膜产生形变甚至穿孔等机械损伤，而厚度太大则会使下一步的离子减薄时间过长。

（6）采用离子减薄仪对磨有凹坑的样品进行离子束刻蚀减薄。在此工序中，经聚焦的离子束对低速旋转的样品两面进行离子束刻蚀，首先采用与试样平面约为10°倾角的离子束进行刻蚀，至观察到样品中央穿孔后，将离子束倾角减小为约4°，以扩大穿孔临近区的薄区范围。至此，用于TEM观察的薄膜截面样品就制备完成。

第 4 章 非晶氧化物界面插层研究

4.1 概论

新一代的高灵敏度磁阻传感器要求NiFe薄膜必须做得很薄，矫顽力很小，且磁电阻变化率(MR)值尽可能大。但是，随着NiFe厚度变薄，其MR值迅速下降。为了保证超薄的NiFe薄膜具有更大的MR值及更高的磁场灵敏度（Sv），以适应磁阻传感器的需要，采取适当措施改进超薄薄膜的性能成为重要的研究课题。

关于这方面的研究有一些报道。Funaki利用退火显著提高了NiFe薄膜的MR值，20nm厚的NiFe薄膜，在400℃退火以后，其MR值可以达到3.5%，接近NiFe块体材料的MR值。虽然退火对缓解材料内应力、消除材料结构缺陷、促进晶粒长大、均匀都有着一定的作用，且在器件制作过程中也需要在一定温度下处理材料或器件，但是在实际器件制作时由于要在NiFe薄膜的上下表面处分别沉积一定厚度的Ta作为缓冲层和保护层，通常薄膜结构为Ta/NiFe/Ta，此时薄膜界面处固相反应所导致的"磁死层"以及种子层和保护层的分流作用均会对MR值产生不利的影响；更为重要的是，当NiFe层厚度进一步减薄，只有几个到十几个纳米时，退火后磁电阻变化率还会得到明显提高吗？为此采用合适方法改善NiFe薄膜材料电输运性能成为关键。

考虑在薄膜界面处引入非晶结构的氧化物插层，利用氧化物材料的镜面反射作用能够增强自旋极化电子在界面处的自旋相关散射，以提高NiFe薄膜材料的电输运性能，为此，我们设计了一种新的薄膜结构：Ta/非晶氧化物（SiO_2或Al_2O_3）/NiFe/非晶氧化物（SiO_2或Al_2O_3）/Ta，研究非晶氧化物插层对NiFe薄膜材料结构和电输运性能的影响。

实验利用磁控溅射镀膜仪来制备薄膜；溅射靶材为合金$Ni_{81}Fe_{19}$靶、金属Ta靶和SiO_2和Al_2O_3陶瓷靶，靶材纯度优于99.9%，基片为表面带有500nm氧化层的单晶硅基片；溅射时系统本底真空优于2.0×10^{-5}Pa；在基片位置沿平行膜面方向施加有约300 Oe的磁场，以诱导$Ni_{81}Fe_{19}$薄膜的易磁化方向；Ta、NiFe采用直流溅射，SiO_2和Al_2O_3采用射频溅射。样品结构为：

（Ⅰ）SiO_2 4nm/NiFe 2nm/SiO_2 3nm/Ta 2nm

（Ⅱ）Ta 5nm/NiFe (t)/Ta 5nm

（Ⅲ）Ta 5nm/Al_2O_3 1nm/NiFe (t)/Al_2O_3 1nm/Ta 5nm

样品退火是在真空退火炉中进行，退火炉本底真空优于 2.0×10^{-5}Pa；退火时沿薄膜的易轴方向加有磁场，将薄膜在不同退火温度下保温一定时间进行退火，其中(1)退火条件为：300℃退火温度下保温1小时；(2)和(3)退火条件为：退火温度（230℃、280℃、330℃、380℃、430℃、480℃）下保温2小时。退火完毕在真空退火炉中自然冷却至室温。薄膜样品的磁电阻值由标准四探针法测量；使用振动样品磁强计（VSM）测量样品的磁滞回线；薄膜结构通过常规X射线衍射（XRD）和高分辨透射电子显微镜（HRTEM）进行表征。所有测量均在室温下进行。

4.2 SiO_2界面插层研究

4.2.1 SiO_2界面插层对NiFe薄膜电输运性能影响

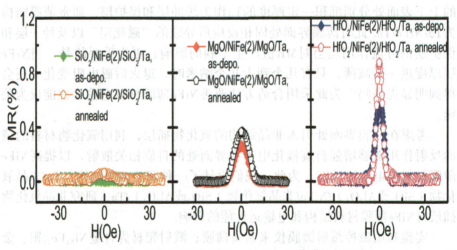

图4-1　退火前后SiO_2包覆NiFe（2nm）薄膜的MR曲线

图4-1为SiO_2(4 nm)/NiFe (2nm) /SiO_2 (3nm)/Ta (2nm) 样品薄膜退火前后与磁滞回线相对应的MR曲线。退火前SiO_2包覆NiFe薄膜的MR值为0，退火后MR仍然极小，在误差范围内可认为为零。

为了弄清NiFe/SiO₂界面退火前后对磁电性能影响的原因，我们选取制备态和300℃退火态的样品SiO₂ (4nm)/NiFe (2nm)/SiO₂ (3nm)/Ta (2nm) 进行XPS分析。用氩离子刻蚀掉大概3.5nm即可获得NiFe/SiO₂界面处的电子结构信息。图4-2是退火前后SiO₂包覆NiFe(2nm) 的NiFe/SiO₂界面处Fe的$2p_{3/2}$的XPS谱图及其拟合谱图。由XPS 手册可知，图中结合能位于706.7eV、709.0eV和711.2eV的峰对应着Fe单质、$FeO_x(x<1)$和Fe_3O_4。显然，在制备态的SiO/NiFe/SiO₂薄膜中，NiFe/SiO₂界面处有大量的Fe氧化物存在。从拟合峰面积可以得到界面处Fe氧化物含量约为66%。在300℃退火后，Fe氧化物仍然存在于NiFe/SiO₂界面，由拟合峰的面积可知退火后Fe氧化物的含量进一步升至74%，即退火会加剧NiFe/SiO₂界面处Fe的氧化。

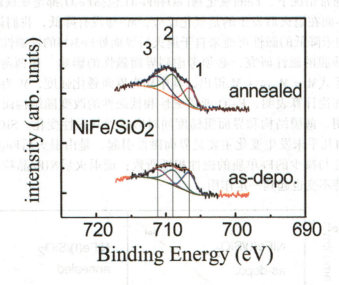

图4-2　NiFe/SiO₂界面Fe2p₃/₂峰的XPS拟合谱图

XPS测量结果显示，NiFe/SiO₂界面没有出现Ni的氧化物，表明Ni元素退火前后均为单质状态。制备态NiFe/SiO₂界面Fe的氧化主要源于磁控溅射产生的高能量使得从SiO₂解离出来的O与NiFe中的Fe发生了反应。

4.2.2　SiO₂界面插层对NiFe薄膜磁性影响

图4-3为退火前后SiO₂包覆NiFe结构为SiO₂(4nm)/NiFe(2nm)/ SiO₂(3nm)/Ta(2nm) 薄膜的磁滞回线。从图中可以看出，SiO₂包覆NiFe(2nm)薄膜的Ms退火前后分别为524.6 emu/cm³、550.1 emu/cm³，误差范围内可认为没有变

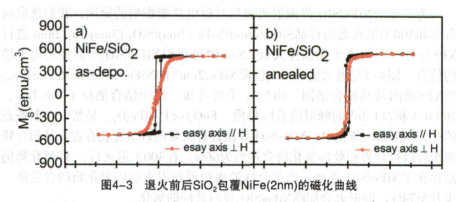

图4-3　退火前后SiO₂包覆NiFe(2nm)的磁化曲线

化。通常情况下，Fe的氧化物FeO和Fe_2O_3包括Fe_3O_4都是亚铁磁性的。NiFe/SiO_2界面在退火后发生的是氧化反应，MS却没有降低，我们认为SiO_2/NiFe/SiO_2的未降低的磁性可能来自于退火后界面处Fe3O4的铁磁性的显现。对于超薄薄膜的磁性研究，必须考虑到界面磁性的影响。超薄薄膜磁化强度M由关系式$M = M_{i/tFM} + M_s$得出，其中M_i为界面磁化强度，M_s为体饱和磁化强度。理论计算表明，Fe_3O_4亚铁磁性和铁磁性的改变随结构而变化；实验结果表明，薄膜结构和界面粗糙度同时影响到其磁性变化。SiO_2/NiFe界面退火后M几乎未发生变化主要是界面磁性引起，是由退火后Fe_3O_4晶化引发的铁磁性与减少的Fe单质的磁性相抵所致；而退火后NiFe晶粒长大对磁化强度保持不变也起到一定作用。

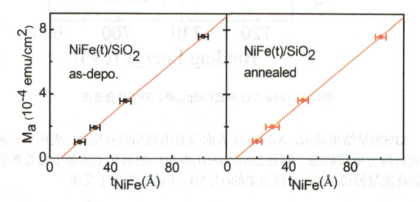

图4-4　退火前后SiO₂包覆NiFe的面积饱和磁化强度Ma随NiFe厚度t变化曲线

图4-4是退火前后SiO_2(4nm)/NiFe(2nm)/SiO_2(3nm)/Ta(2nm)样品薄膜的面积饱和磁化强度随NiFe厚度的变化曲线。从图中可以看出，SiO_2包覆NiFe薄膜的磁死层厚度分别约为8.1Å和7.5Å。NiFe/SiO_2界面处磁死层如此大，一方面是Fe的氧化所致，此外界面不平整产生界面混乱可能也是原因之一。

正是因为SiO₂包覆超薄NiFe薄膜较大的磁死层存在，因而其MS较低且MR为零。

综合本节结果：

在SiO₂包覆2 nm NiFe薄膜中，退火前后均没有观察到各向异性磁电阻效应。

通过XPS对退火前后SiO₂/NiFe/SiO₂/Ta薄膜的Fe电子结构进行了表征，发现SiO₂包覆超薄NiFe薄膜所形成的NiFe/SiO₂界面在退火后表现出氧化反应，退火会加剧NiFe/SiO₂界面处Fe的氧化。

SiO₂/NiFe界面退火后M几乎未发生变化，这是由退火后Fe₃O₄晶化引发的铁磁性与减少的Fe单质的磁性相抵所致，退火后NiFe晶粒长大对磁化强度保持不变也起到一定作用。

4.3　Al₂O₃界面插层研究

4.3.1　Al₂O₃界面插层对制备态NiFe薄膜结构与性能影响

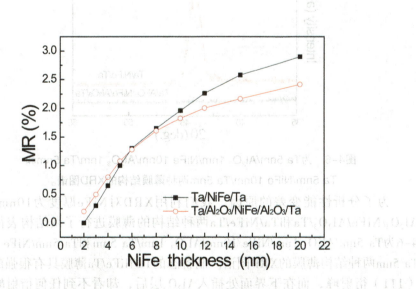

图4-5　为Ta 5nm/Al₂O₃ 1 nm/NiFe (t)/Al₂O₃ 1nm/Ta 5nm和Ta 5nm/NiFe (t)/Ta 5nm
两种结构薄膜的MR值随NiFe层厚度变化关系曲线。

图4-5为Ta 5nm/Al$_2$O$_3$ 1nm/NiFe (t)/Al$_2$O$_3$ 1nm/Ta 5nm和Ta 5nm/NiFe (t)/Ta 5nm两种薄膜结构的MR值随NiFe厚度变化关系曲线。两种不同结构薄膜，随着NiFe厚度的增加，MR值均呈现出逐渐增加的趋势。当NiFe厚度为2nm时，Ta 5nm/NiFe 2nm/Ta 5nm结构薄膜的MR值为0，而Ta 5nm/Al$_2$O$_3$ 1nm/NiFe 2nm/Al$_2$O$_3$ 1nm/Ta 5nm结构薄膜的MR值为0.20%。由于在Ta/NiFe与NiFe/Ta界面之间存在界面反应，使得界面处NiFe薄膜磁层部分非磁化，即存在总厚度在1$^-$2 nm的"磁死层"，故导致Ta 5nm/NiFe 2nm/Ta 5nm的MR值为0。而Ta/Al$_2$O$_3$/NiFe 2nm/Al$_2$O$_3$/Ta薄膜因在Ta/NiFe与NiFe/Ta界面之间各有1nm的Al$_2$O$_3$层而成功抑制了Ta层与NiFe层两者之间存在的界面反应，减小了NiFe"磁死层"厚度，所以在NiFe为2nm时便具有一定的MR值。从图中可以看到，当NiFe厚度在6nm以下时，在薄膜中插入Al$_2$O$_3$层会使MR值有所提高；但是当NiFe厚度超过6nm时，插入Al$_2$O$_3$层后，薄膜的MR值会明显下降。如当NiFe厚度为10nm时，Ta/Al$_2$O$_3$/NiFe/Al$_2$O$_3$/Ta的MR值为1.83%，而Ta/NiFe/Ta结构却为1.96%。可见，当NiFe厚度从目前常用的20到30纳米减薄至十几个纳米时，在上下界面处同时插入Al$_2$O$_3$层会使性能变差。

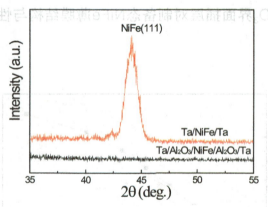

图4-6　为Ta 5nm/Al$_2$O$_3$ 1nm/NiFe 10nm/Al$_2$O$_3$ 1nm/Ta 5nm和
Ta 5nm/NiFe 10nm/Ta 5nm两种薄膜结构的XRD图谱。

为了分析性能变差的原因，我们利用XRD对NiFe厚度为10nm的Ta/Al$_2$O$_3$/NiFe/Al$_2$O$_3$/Ta和Ta/NiFe/Ta两种结构的薄膜进行了微结构表征。图4-6为Ta 5nm/Al$_2$O$_3$ 1nm/NiFe 10nm/Al$_2$O$_3$ 1nm/Ta 5nm和Ta 5nm/NiFe 10nm/Ta 5nm两种结构薄膜的XRD图谱。制备态的Ta/NiFe/Ta薄膜具有很强的NiFe（111）衍射峰，而在下界面处插入Al$_2$O$_3$层后，却看不到任何衍射峰。在Ta/NiFe/Ta薄膜的界面处插入Al$_2$O$_3$层，利用1nm的Al$_2$O$_3$层成功抑制了Ta与NiFe间的界面反应，减小了Ta层的分流，但由于插入下界面的Al$_2$O$_3$层会严重破坏Ta对NiFe织构的诱导，使得NiFe不能形成很好的（111）取向，而通常好的NiFe（111）取向一般对应较大的MR值，故导致MR值较Ta/NiFe/Ta有所降低。

4.3.2　Al$_2$O$_3$界面插层对退火态NiFe薄膜结构与性能影响

对于Ta/Al$_2$O$_3$/NiFe/Al$_2$O$_3$/Ta结构而言，由于采用纳米氧化层Al$_2$O$_3$作为界面插层，其对自旋电子会起到镜面反射作用。通常，纳米氧化层在退火后结构会变好，同时界面会更加平滑，将会对自旋电子产生更大的镜面反射效应，从而提高MR值；另一方面，由于Al$_2$O$_3$的存在可以抑制Ta与NiFe间的界面反应，而这种界面反应在退火时将会加剧，这在Ta/NiFe/Ta中尤为明显。上述原因将使两种结构薄膜在退火后性能会有较大不同。

图4-7(a)为Ta 5nm/Al$_2$O$_3$ 1nm/NiFe 10nm/Al$_2$O$_3$ 1nm/Ta 5nm和Ta 5nm/NiFe 10nm/Ta 5nm两种结构薄膜的MR值随退火温度的变化曲线。随着退火温度的升高，两种结构薄膜的磁电阻变化率呈现出完全不同的变化趋势。对于Ta/NiFe/Ta结构薄膜而言，薄膜的MR值随退火温度升高呈现出逐渐下降的趋势，并且退火温度越高，下降趋势越明显，当退火温度为380 ℃时，MR值已降至0.88%；而在430 ℃下退火后MR值只有不到0.3%。对于Ta/Al$_2$O$_3$/NiFe/Al$_2$O$_3$/Ta结构而言，其MR值随退火温度变化趋势与Ta/NiFe/Ta完全不同。随着退火温度升高，其MR值首先快速提高，在380℃达到一个极大值3.10 %（两种结构薄膜在制备态与380℃退火后磁电阻变化率曲线见图4-7(b)），此后随着退火温度进一步升高，其MR值开始逐渐减小，但在430℃时仍高达2.76%。

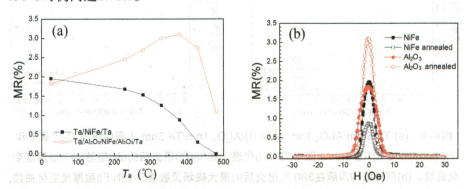

图4-7　(a)Ta 5nm/Al$_2$O$_3$ 1nm/NiFe 10nm/Al$_2$O$_3$ 1nm/Ta 5nm（图b中用Al$_2$O$_3$代表）和Ta 5nm/NiFe 10nm/ Ta 5nm（图b中用NiFe代表）的MR值随退火温度Ta变化曲线；(b)两种结构薄膜在制备态和380℃退火后的磁电阻变化率曲线。

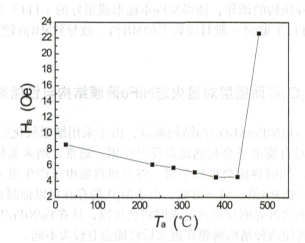

图4-8 Ta 5nm/Al₂O₃ 1nm/NiFe 10 nm/Al₂O₃ 1nm/Ta 5nm的饱和场（Hs）随退火温度变化曲线。薄膜在制备态时Hs比较大，随着退火温度的升高，Hs呈现出逐渐下降的趋势。在380℃退火时，Hs比较小，而此时对应的MR值很大，因而该结构薄膜在380℃退火时会具有较大的磁场灵敏度；当退火温度进一步升高，达到480℃时，薄膜饱和场开始急剧变大，磁性能恶化，导致磁电阻变化率明显降低（见图4-7a）。

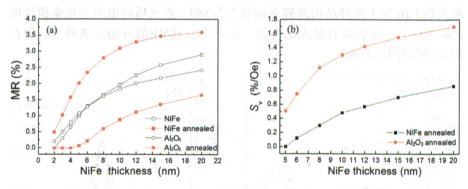

图4-9 (a) Ta 5 nm/Al₂O₃ 1nm/NiFe (t)/Al₂O₃ 1nm/Ta 5nm （图中用Al₂O₃代表）和 Ta 5nm/NiFe (t)/Ta 5nm（图中用NiFe代表）在380℃退火后的MR值随NiFe层厚度变化曲线。(b)两种结构薄膜在380℃退火后的最大磁场灵敏度Sv随NiFe层厚度变化曲线，Sv=[d(MR)/dH]max。

图4-9(a)为Ta 5 nm/Al₂O₃ 1nm/NiFe (t)/Al₂O₃ 1nm/Ta 5nm和Ta 5nm/NiFe (t)/Ta 5nm薄膜在380℃退火后的MR值随NiFe层厚度变化的关系曲线，作为

对比，图4-5所示的制备态曲线也在图中相应给出。从图中可以看到，不同NiFe厚度的Ta/Al$_2$O$_3$/NiFe/Al$_2$O$_3$/Ta薄膜在退火后MR值均得到明显提高，而Ta/NiFe/Ta结构薄膜退火后MR值却明显下降。相同NiFe厚度（10 nm）和退火温度（380 ℃）下，NiFe薄膜的MR值由Ta/NiFe/Ta的0.88 %，提高至Ta/Al$_2$O$_3$/NiFe/Al$_2$O$_3$/Ta的3.10 %，提高幅度超过250%。图4-9(b)为Ta 5 nm/Al$_2$O$_3$ 1nm/NiFe (t)/Al$_2$O$_3$ 1nm/Ta 5nm与Ta 5nm/NiFe (t)/ Ta 5nm薄膜在380 ℃退火后的最大磁场灵敏度Sv随NiFe层厚度变化关系曲线。退火后，Ta/Al$_2$O$_3$/NiFe(t)/Al$_2$O$_3$/Ta薄膜磁场灵敏度较Ta/NiFe/Ta薄膜有明显提高，如NiFe厚度为10 nm时，其灵敏度为1.3 %/Oe，基本上与自旋阀薄膜材料的磁场灵敏度相当，高于Ta 5nm/NiFe 10nm/Ta 5nm的0.5%/Oe，提高幅度超过150 %。

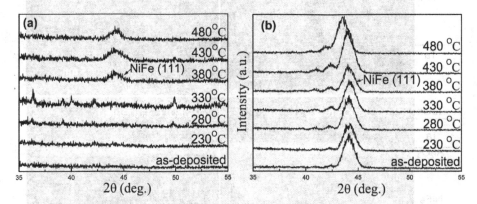

图4-10　两种结构(a)Ta 5nm/Al$_2$O$_3$ 1nm/NiFe 10nm/Al$_2$O$_3$ 1nm/Ta 5nm和(b)Ta 5nm/NiFe 10nm/Ta 5nm薄膜在不同退火温度下的XRD图谱。

为了分析具有极薄 Al$_2$O$_3$ 层的 Ta/Al$_2$O$_3$/NiFe/Al$_2$O$_3$/Ta 薄膜在退火后性能明显提高的原因，采用 XRD 和 HRTEM 对其微结构进行了分析。图 4-10 为不同退火温度下的 Ta 5nm/Al$_2$O$_3$ 1nm/NiFe 10nm/Al$_2$O$_3$1nm/Ta 5nm 和 Ta 5nm/NiFe 10nm/ Ta 5nm 的 XRD 谱。Ta 5nm/Al$_2$O$_3$ 1nm/NiFe 10nm/Al$_2$O$_3$ 1nm/Ta 5nm 薄膜在制备态和较低温度退火后都没有看到明显的 NiFe 衍射峰，随着退火温度的逐渐升高，从 380 ℃开始 NiFe 开始出现单一的衍射峰。而 Ta 5nm/NiFe 10nm/ Ta 5nm 薄膜在整个退火温度区间，都能明显看到强的 NiFe（111）衍射峰，其衍射峰强度几乎不随退火温度发生变化。在 480 ℃退火时，NiFe（111）衍射峰出现左移，表明 NiFe 与 Ta 可能形成新的结构相，影响了磁各向异性，从而使得 480 ℃退火的样品磁电阻变化率为 0。对比 380 ℃退火后的 Ta 5nm/Al$_2$O$_3$ 1nm/NiFe 10nm/Al$_2$O$_3$ 1nm/Ta 5nm 和制备态的 Ta 5nm/NiFe 10nm/ Ta 5nm 的衍射峰强度，可以发现尽管 Ta 5nm/Al$_2$O$_3$ 1nm/NiFe 10nm/Al$_2$O$_3$ 1nm/Ta 5nm 薄膜具有远大于 Ta 5nm/NiFe 10nm/ Ta 5nm 的

MR 值，但其 NiFe（111）衍射峰强度却明显弱于后者。通常，强 NiFe（111）织构一般对应较大的 MR 值，但从目前结果来看，NiFe（111）织构较弱的 Ta/Al$_2$O$_3$/NiFe/Al$_2$O$_3$/Ta 薄膜反而具有更大的 MR 值。可见，好的 NiFe（111）织构不再是获得大的磁电阻值的唯一原因。

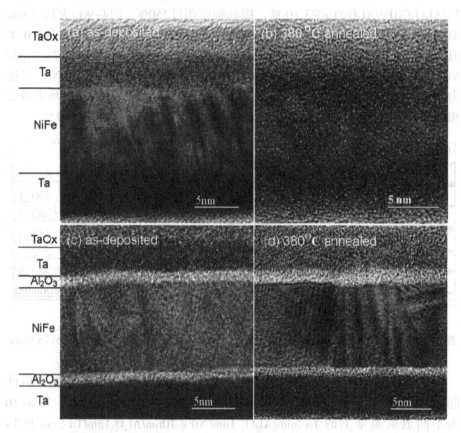

图4-11 （a）、(b)为Ta 5nm/NiFe 10nm/ Ta 5nm和 (c)、(d)Ta 5nm/ Al$_2$O$_3$ 1nm/NiFe 10nm/ Al$_2$O$_3$ 1nm/Ta 5nm薄膜截面高分辨像，其中(a)、(c)制备态样品，(b)、(d)为380℃退火样品。

图 4-11 为两种不同结构薄膜样品在制备态和退火后的 HRTEM 照片，其中，图 4-11 (a) 和 (b) 为 Ta 5nm/NiFe 10nm/Ta 5nm 薄膜在制备态和 380℃退火后的截面高分辨像。从电镜照片中可以看到，退火前后，Ta 种子层和保护层为非晶结构，NiFe 层为多晶结构。制备态薄膜的 Ta/NiFe 界面很模糊，测量的 NiFe 层厚度为 8.5nm；而 380℃退火后薄膜的 Ta/NiFe 界面以及 NiFe/Ta 界面都模糊不清，测量的 NiFe 层厚度为 6.5nm。对于 Ta 5nm/NiFe 10nm/Ta 5nm 薄膜而言，由于在 Ta 与 NiFe 之间存在界面反应：2Ta

+ni =niTa$_2$，导致 NiFe 磁矩的损失，相当于存在一个厚度为 1.6 ± 0.2nm 磁死层，故导致我们测量到的 NiFe 厚度为 8.5nm；退火促进了 Ta 与 NiFe 间的扩散以及界面反应，导致界面模糊以及 NiFe 有效厚度减少，使得退火后 NiFe 的实际有效厚度仅为 6.5nm。可见，对于超薄 Ta/NiFe/Ta 结构薄膜而言，退火将加剧 Ta 与 NiFe 间的扩散以及界面反应，导致 NiFe 薄膜性能明显恶化。图 4-11(c) 和 (d) 为制备态和 380 ℃退火后的 Ta 5nm/Al$_2$O$_3$ 1nm/NiFe 10nm/Al$_2$O$_3$ 1nm/Ta 5nm 的截面高分辨像。在制备态和退火后的高分辨像中，Al$_2$O$_3$ 均为非晶态，并且 Al$_2$O$_3$/NiFe 及 NiFe/Al$_2$O$_3$ 界面都清晰可见，很平整。在对 NiFe 层厚度的测量中我们发现，退火前后的 NiFe 厚度分别为 9.9nm 和 9.8nm，niFe 厚度基本上没有发生明显的变化。在 Ta/Al$_2$O$_3$/NiFe/Al$_2$O$_3$/Ta 结构中，Al$_2$O$_3$ 与 NiFe 之间基本不发生界面反应，并且 Al$_2$O$_3$/NiFe 和 NiFe/Al$_2$O$_3$ 界面具有很好的热稳定性。此外，在对 NiFe 层的观察中可以发现：NiFe 在制备态时为许多随机取向的小晶粒，它们杂乱无章的分布在整个 NiFe 区间；380 ℃退火后，NiFe 晶粒尺寸变大，呈现出柱晶结构，贯串整个 NiFe 厚度方向，与制备态的 Ta/NiFe/Ta 结构（图 4-11（a））中 NiFe 结构相似。由于高温退火导致 NiFe 晶粒的长大，有利于减小晶界面积，对自旋电子的晶界散射减小，可以使薄膜的电阻率降低，有利于 MR 值的提高。

对于 NiFe 厚度为几个到十几个纳米的超薄薄膜而言，在 Ta/NiFe/Ta 的界面处引入 1nm 的 Al$_2$O$_3$ 插层后，尽管 Al$_2$O$_3$ 的存在破坏了 Ta 对 NiFe 织构的诱导，使 NiFe 不能形成很好的取向，但它抑制了 NiFe "磁死层"的形成以及 Ta 与 NiFe 间的扩散；更重要的是，Al$_2$O$_3$ 作为界面插层，其对自旋电子会产生明显的镜面反射作用，延长了自旋电子的平均自由程，使 MR 值明显提高；而高温退火形成的 NiFe（111）织构和粗大的柱晶结构是 MR 值进一步提高的原因；以上因素最终使得磁场灵敏度得到显著提高。

综合本节结果：

利用非晶 Al$_2$O$_3$ 作为界面插层，设计了一种新的 NiFe 薄膜结构：Ta/Al$_2$O$_3$/NiFe/Al$_2$O$_3$/Ta，在退火后发现磁电阻变化率及磁场灵敏度较 Ta/NiFe/Ta 结构有明显提高。

对于 NiFe 厚度为 10nm 的两种结构薄膜而言，380 ℃退火后，NiFe 薄膜的磁电阻变化率由 Ta/NiFe/Ta 的 0.88 % 提高至 Ta/Al$_2$O$_3$/NiFe/Al$_2$O$_3$/Ta 的 3.10 %，提高幅度超过 250 %；更重要的是，磁场灵敏度也相应由 0.5 %/Oe 提高到 1.3 %/Oe，提高幅度超过 150 %，基本上与自旋阀薄膜材料的磁场灵敏度相当。

对于只有几个到十几个纳米的 NiFe 层而言，极薄的 Al$_2$O$_3$ 不仅抑制了 NiFe "磁死层"的形成以及 Ta 与 NiFe 间的扩散，减小了缓冲层和保护层间的分流，更重要的是，有利于形成更加平整的Al_2O_3/NiFe及NiFe/Al_2O_3界面，其对自旋电子会起到"镜面反射"作用；高温退火形成的NiFe (111) 织构和粗大的柱晶结构，又进一步提高MR值，从而最终使得磁场灵敏度显著提高。

第 5 章　晶体氧化物界面插层研究

5.1 概论

关于各向异性磁电阻NiFe薄膜材料及其传感器的研究和开发目前又引起人们新的重视。在进行地磁测量时，AMR薄膜材料较巨磁电阻（GMR）和隧道磁电阻（TMR）薄膜材料具有更高的方向敏感性，且各向异性磁电阻率与角度有定量关系：$\rho(\theta)=\rho\perp+\Delta\rho^{\cos^2\theta}$，所以这种材料在地磁导航等领域具有广阔的应用前景。同时，AMR薄膜材料还具有元件制作工艺更加简单，元件功耗小以及元件制作成本低等优点。基于上述原因，各向异性磁电阻NiFe薄膜材料及其传感器的研究和开发一直为人们所重视。但是，AMR材料的磁场灵敏度（Sv）比GMR和TMR薄膜材料的磁场灵敏度低得多，所以，追求高灵敏度的AMR薄膜材料一直是该领域研究者长期以来的一项重要研究课题。

我们前面的研究结果表明，将厚度为1 nm的非晶氧化物Al_2O_3层插入超薄的Ta/NiFe/Ta结构的薄膜中，其磁场灵敏度有明显提高，基本上与自旋阀材料灵敏度相当，但与TMR薄膜材料的灵敏度相比还有相当大的差距。微结构分析表明：即便是较高温度（380 ℃）退火后，Al_2O_3层仍然主要是处于非晶状态，与晶化的结构相比可能对自旋电子反射没有发挥到它的最大作用。因此，有必要寻找具有该功能的易于晶化的纳米氧化层来插入NiFe薄膜中，期望对自旋电子镜面反射发挥到最大作用。为此，我们选择了两种不同的晶体材料MgO和ZnO，利用其作为界面插层，研究晶体氧化物对NiFe薄膜材料结构和电输运性能的影响。

5.2 MgO晶体氧化物界面插层研究

近年来，大量的研究报道：在磁隧道结中通过用单晶的MgO势垒层来代替非晶Al_2O_3势垒层，磁电阻变化率得到明显提高。例如，在Al_2O_3基磁隧道结中，如$CoFeB/Al_2O_3/CoFeB$结构，室温得到的最大TMR值为81%，而MgO基磁隧道结，如$CoFeB/MgO/CoFeB$结构，目前室温最大的TMR值超过600%。从微结构来看其原因是由于MgO易于晶化且与磁性层晶格良好匹配。因此，我们将易于晶化的MgO作为纳米氧化层来插入Ta/NiFe/Ta薄膜中，期望MgO的使用能够有效提高NiFe薄膜的磁场灵敏度。

为此，我们利用磁控溅射镀膜仪制备薄膜；溅射靶材为合金$Ni_{81}Fe_{19}$靶、金属Ta靶和MgO陶瓷靶，靶材纯度优于99.9%，基片为表面带有500 nm氧化层的单晶硅基片。溅射时系统本底真空优于$2.0 \times 10^{-5}Pa$，工作气体Ar气压为0.2Pa；在基片位置沿平行膜面方向施加有约300 Oe的磁场，以诱导$Ni_{81}Fe_{19}$薄膜的易磁化方向。Ta、NiFe采用直流溅射，MgO采用射频溅射。薄膜退火是在真空退火炉中进行，退火炉本底真空优于$2.0 \times 10^{-5}Pa$，退火时沿薄膜的易轴方向加有约700Oe的磁场；将薄膜在不同退火温度下保温2小时后移出磁场范围，并在真空退火炉中自然冷却至室温。

磁阻元件利用通常的微加工工艺制备。每个元件由四个磁阻条单元按惠斯通电桥方式连接，元件结构如图5-1所示。磁阻条单元利用Barber pole结构偏置电流，磁阻条长度L=2375μm，线宽W=30μm，电极与磁阻条易轴夹角θ=40°。AMR元件测量时使元件磁阻条易轴方向垂直于外磁场方向放置。薄膜及元件的磁电阻值用标准四探针法测量；薄膜结构通过常规X射线衍射（XRD）和高分辨透射电子显微镜（HRTEM）进行表征。薄膜界面处原子化学状态信息通过X射线光电子能谱（XPS）进行分析，利用仪器自带的离子刻蚀系统可以检测不同界面处元素的化学价态，X射线源选择Al Kα靶，采用C 1s（294.5 eV）标定。

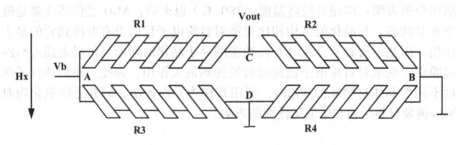

图5-1 具有Barber电极结构的磁阻元件结构示意图

5.2.1 不同MgO插层位置对NiFe薄膜结构与性能影响

Ta/NiFe/Ta结构薄膜具有上下两个不同界面，首先我们研究了不同MgO插层位置对NiFe薄膜性能的影响。图5-2为Ta 5nm/MgO (t)/NiFe 10nm/Ta

3nm和Ta 5nm/NiFe 10nm/MgO (t)/Ta 3nm薄膜的MR值随MgO厚度的变化关系曲线。从图中可以看到，MgO插层位置对NiFe薄膜MR值的影响不同。对于下界面插MgO的Ta 5nm/MgO (t)/NiFe 10nm/Ta 3nm样品而言，当MgO厚度为1nm时，MR值由没有MgO插层时的2.0 %降低至1.70 %，随着MgO厚度的增加，MR值逐渐又升高至2.0 %左右。而对于上界面插MgO的Ta 5nm/NiFe 10nm/MgO (t)/Ta 3nm样品而言，当MgO厚度为1nm时，MR值只有1.58 %，下降幅度明显，随着MgO厚度的继续增加，MR值基本保持不变，维持在1.50 %左右。在Ta/NiFe/Ta的上下界面处单独插入MgO，薄膜的MR值并没有实现明显提高，相反，在上界面处插入MgO后，薄膜的MR值还有了一定程度的降低。

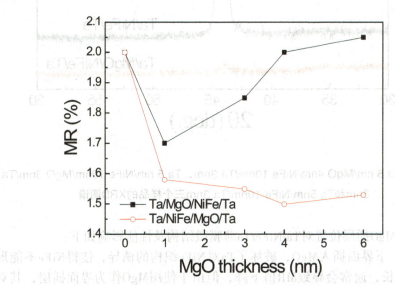

图5-2　Ta 5nm/MgO (t)/NiFe 10nm/Ta 3nm和Ta 5nm/NiFe 10nm/MgO (t)/Ta 3nm
薄膜的MR值随MgO厚度的变化关系曲线

为了分析薄膜性能变化的原因，我们选取Ta 5nm/MgO 4nm/NiFe 10nm/Ta 3nm、Ta 5nm/NiFe 10nm/MgO 3nm/Ta 3nm和Ta 5nm/NiFe 10nm/Ta 3nm三个样品，利用XRD对薄膜的微结构进行了表征。图5-3为上述三个样品的XRD图谱，从图中可以看到，Ta/NiFe/Ta具有强的NiFe（111）织构，当在下界面插入MgO后，NiFe（111）织构明显被破坏；而在上界面插入MgO后，NiFe（111）织构强度没有发生明显变化，但薄膜中同时出现了MgO（111）方向的衍射峰。

Sum H、5nm/NiFe 10nm/MgO 4nm/Ta 3nm，简简膜的MR值最高围MgO/NiFe的有关
系和织构。从图中可以看到，MgO插层以不管对NiFe诱的MR值的都有大幅的下降，由
于下面插入MgO的5nm/MgO可以有起作用的的，3nm有起作用了，而MgO/NiFe
间的有，而有的具有有MgO有原因了有的0.5有系有与上，相改的与低的下降的减小
的，MR前低高又为其高起2.0有，相成的系数，如下第起MgO如下的5nm/NiFe
10nm MgO/Ta 3nm有，"Ta/MgO的/Ta 3nm有，"MR面起有的与与
有有增加高，低简如MgO的有有有有有，有简有高有，MR面有有1.5有有，有
有与，"Ta/NiFe/Ta的"下有有有的有的有A有的的的有的MR有有有1.50
的有高有低的有，"的有有有A高有系相，"的有的有[有A有高起有有的有有
有有。

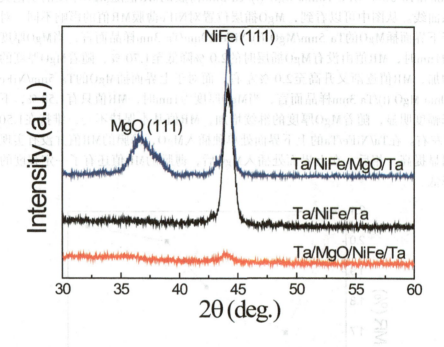

图5-3　Ta 5 nm/MgO 4nm/NiFe 10nm/Ta 3nm、Ta 5 nm/NiFe 10nm/MgO 3nm/Ta 3nm和Ta 5nm/NiFe 10nm/Ta 3nm三个样品的XRD图谱

不同MgO插层位置对Ta/NiFe/Ta薄膜微结构及性能影响如下：

（1）下界面插入MgO，破坏了Ta对NiFe织构的诱导，使得NiFe不能形成取向生长，通常会导致MR值下降，但由于使用MgO作为界面插层，其对自旋电子会起到一定的镜面反射作用，并且MgO插层抑制了Ta与NiFe间的界面反应，使NiFe有效厚度增加，并且同时减小了底层Ta的分流，使得MR值基本保持不变。

（2）上界面插入MgO，不会破坏NiFe织构，但薄膜中出现了MgO（111）衍射峰，说明MgO在强织构的NiFe层上生长时诱导了自身的（111）织构。NiFe（111）面的晶面间距为0.204nm，而MgO（111）面的晶面间距为0.243nm，两者错配度达到19%，在NiFe/MgO界面处会出现较严重的晶格畸变和缺陷，这些缺陷会对NiFe层的自旋电子产生严重的漫散射，使MR值明显降低。虽然MgO插层同样起到抑制界面反应，减小Ta层分流提高MR值的作用，但此时其影响很小，因上界面MgO结晶而导致的MR值下降将占据主要地位。

5.2.2 退火对Ta/MgO/NiFe/MgO/Ta薄膜结构与性能影响

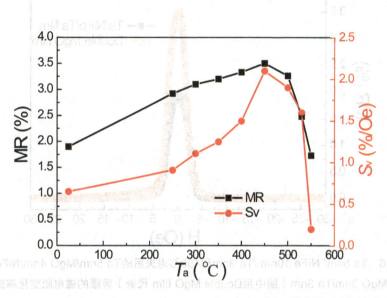

图5-4 Ta 5nm/MgO 4nm/NiFe 10nm /MgO 3nm/Ta 3nm薄膜的磁电阻变化率
（MR）和磁场灵敏度（Sv）随退火温度变化关系曲线

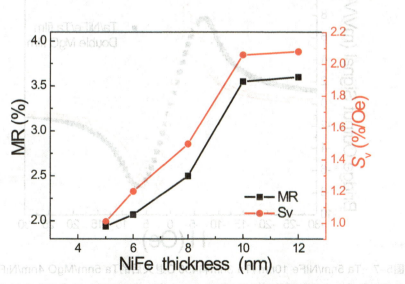

图5-5 Ta 5nm/MgO 4nm/NiFe (t) nm /MgO 3nm/Ta 3nm结构薄膜在450 ℃退火后的
MR值及Sv随NiFe厚度变化关系曲线

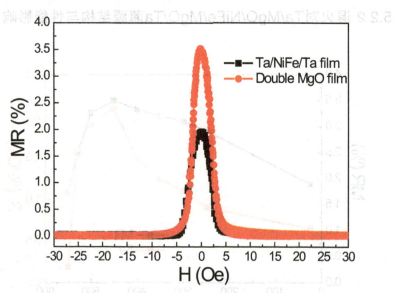

图5-6　Ta 5nm/ NiFe 10nm /Ta 3nm和450℃退火后的Ta 5nm/MgO 4nm/NiFe 10nm /MgO 3nm/Ta 3nm（图中用Double MgO film 代表）薄膜的磁电阻变化率曲线

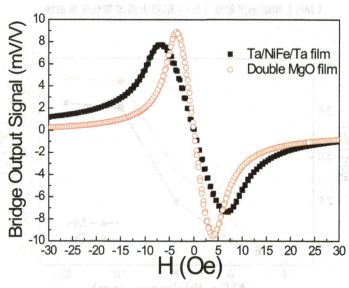

图5-7　Ta 5nm/NiFe 10nm /Ta 3nm和450℃退火后的Ta 5nm/MgO 4nm/NiFe 10nm /MgO 3nm/Ta 3nm薄膜（图中用Double MgO film 代表）微加工成线宽为30μm的元件后的电压信号输出响应曲线

虽然在Ta/NiFe/Ta薄膜的上下界面处单独插入MgO，薄膜的MR值没有明显提高，甚至在上界面插入MgO时MR值还有所下降，但考虑到如果在上下界面处同时插入MgO，薄膜的热稳定性会明显提高，同时退火有利于NiFe晶粒长大，提高MR值，为此我们固定底插层MgO厚度为4nm，顶MgO插层厚度为3nm，制备了Ta/MgO/NiFe/MgO/Ta结构薄膜，并对该结构薄膜进行了退火研究。

图5-4为Ta 5nm/MgO 4nm/NiFe 10nm /MgO 3nm/Ta 3nm薄膜的磁电阻变化率MR以及磁场灵敏度Sv随退火温度变化关系的曲线。随着退火温度的升高MR及Sv均快速升高，在450℃退火时性能最佳，此时MR已由制备态的1.89%提高至3.50%，相应的Sv由0.65%/Oe提高至2.1%/Oe；进一步升高退火温度，MR及Sv开始下降。图5-5为Ta 5nm/MgO 4nm/NiFe (t)/MgO 3nm/Ta 3nm薄膜在450℃退火后的MR值及Sv随NiFe厚度变化关系曲线。随着NiFe厚度的增加MR及Sv也快速增加。

图5-6和图5-7分别为Ta 5nm/MgO 4nm/NiFe 10nm /MgO 3nm/Ta 3nm薄膜在450℃退火后的磁电阻变化率曲线以及微加工成元件后的电压信号输出响应曲线，作为对比，Ta 5nm/niFe 10nm /Ta 3nm薄膜及元件相应曲线也被给出。具有MgO结构的薄膜材料其Sv值2.1%/Oe，明显高于Ta/NiFe/Ta的Sv值0.9%/Oe。更重要的是,微加工成线宽为30 μm的磁传感元件后，Ta/NiFe/Ta磁场灵敏度只有1.6 mV/V/Oe, 而Ta/MgO/NiFe/MgO/Ta却高达3.3 mV/V/Oe, 已基本接近某些TMR材料元件的Sv。

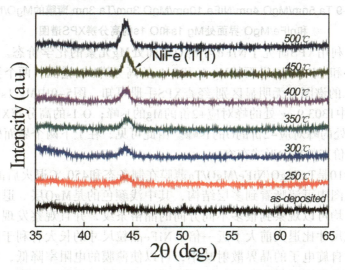

图5-8　Ta 5nm/MgO 4nm/NiFe 10nm /MgO 3nm/Ta 3nm
在不同退火温度下的XRD图谱

　　为了分析具有Ta/MgO/NiFe/MgO/Ta结构的样品在退火后性能显著改善的原因，采用XRD和HRTEM对其微结构进行了分析，同时XPS也被用来研究界面处元素的化学价态。图5-8为Ta 5nm/MgO 4nm/NiFe 10nm /MgO 3nm/Ta 3nm 在不同退火温度下的XRD图谱。制备态薄膜中看不到明显的NiFe（111）衍射峰，并且MgO（111）衍射峰也没有出现。NiFe下界面MgO插层的存在破坏了Ta对NiFe织构的诱导，使NiFe不能形成好的（111）织构，并且进一步导致了在NiFe上生长的MgO层不再具有择优取向。退火后的薄膜中开始出现单一的NiFe（111）衍射峰，250-400 ℃范围内退火，织构并没有明显区别，但从450 ℃时开始织构明显增强，NiFe织构的明显改善是退火后薄膜MR值提高的一个重要原因。

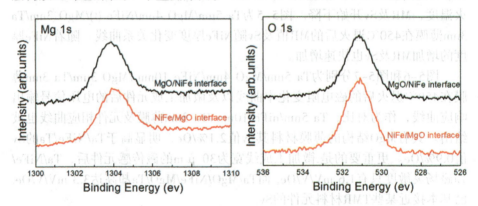

图5-9 Ta 5nm/MgO 4nm/NiFe 10nm/MgO 3nm/Ta 3nm 薄膜的MgO/NiFe
和niFe/MgO 界面处Mg 1s和O 1s的高分辨XPS谱图

　　我们利用XPS研究了NiFe与MgO界面处Mg元素的化学价态。图5-9为MgO/NiFe和NiFe/MgO界面处Mg 1s和O 1s的高分辨XPS谱图。两个界面处Mg 1s 和O1s 的谱图并无明显区别,经查XPS手册可知，图5-9中Mg 1s的高分辨XPS谱图中1303.9 ev 处的峰对应+2价的Mg的1s峰；O 1s的高分辨XPS谱图中531.2 ev 处的峰对应-2价的O的1s峰。由此可见，在上下两个界面处Mg元素均以单一价态的MgO形式存在。

　　图5-10是Ta/MgO/NiFe/MgO/Ta薄膜在制备态和450 ℃退火后的HRTEM照片。从图中可清晰看到多层结构，其中浅颜色的是MgO层。退火前后，NiFe层中均可以观察到很多不同方向的晶格条纹，并且观察发现，退火后NiFe晶粒尺寸比退火前大了近一倍。NiFe晶粒尺寸的长大有利于减小晶界面积，对自旋电子的晶界散射减小，可以使薄膜的电阻率降低，有利于磁场灵敏度的提高。从图5-10（a）的MgO层中可以观察到晶格条纹，说明MgO层中有晶化的MgO。对比退火前的样品，退火后薄膜的一个最明显变

化就是在MgO层中出现了大量的MgO晶粒（图5-10（b））。退火后MgO大量结晶减少了MgO层中的缺陷，使MgO层中可以吸收自旋电子的能量态减少了，从而使MgO层对自旋电子的散射减少了；同时，退火后MgO/NiFe及NiFe/MgO界面变得更加平坦，部分区域MgO与NiFe共格，这种界面结构与具有非晶结构的界面相比应该更有利于输运电子的镜面反射，也就是说，晶化的MgO插层具有更强的镜面反射作用，从而导致了退火后薄膜磁电阻变化率及磁场灵敏度的显著提高。

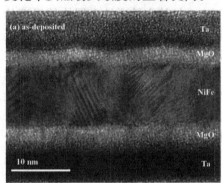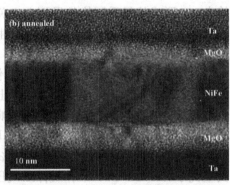

图5-10 Ta 5nm/MgO 4nm/NiFe 10nm /MgO 3nm/Ta 3nm薄膜的高分辨电子显微像

(a) 制备态；(b) 450 ℃ 退火

综合本节结果：

设计了一种新的NiFe薄膜结构：Ta/MgO/NiFe/MgO/Ta，研究发现，对于NiFe厚度为10nm的该结构薄膜而言，经450 ℃退火后，薄膜的灵敏度由0.65 %/Oe提高至2.1 %/Oe，变化幅度超过200 %；更为重要的是将该结构薄膜按惠斯通电桥的结构微加工成地磁传感元件(线宽30 μm)后，元件的磁场灵敏度高达3.3 mV/V/Oe，已经接近某些TMR元件的水平。

微结构分析表明：MgO在退火后大量晶化，其对自旋电子起到了明显的镜面反射作用，使得薄膜的磁电阻变化率及磁场灵敏度显著提高。

5.3 ZnO晶体氧化物界面插层研究

氧化锌 (ZnO) 是一种 II-VI 化合物半导体材料，具有许多优良的物理特性，如，本征 ZnO 表现为n 型电导，室温下的禁带宽度为 3.37 eV，激子束缚能达到 60 meV 等。金属掺杂 ZnO 稀磁半导体显示出高于室温的居里温度，因而在隧道结（MTJ）等自旋电子器件和磁光器件中有着潜在重要应用。目前国际上关于隧道结中 ZnO 应用研究很多，如，Song 等人在充分外延生长的(Zn,Co)O/ZnO/(Zn,Co)O 磁隧道结中在4 K温度下获得20.8%的TMR值，即使在室温其TMR值也有0.35%。Ramachandran 等人在外延生长的ZnCo(20%)O/ZnO/ ZnCo(5%)O 磁隧道结中获得了32%的隧道磁电阻值。在这里ZnO与磁性层界面散射对自旋电子输运性能有重要影响。

对于磁电阻材料而言，自旋极化电子不论是垂直膜面还是平行膜面，界面行为对输运性能都有重要影响。然而目前研究主要集中在ZnO与金属掺杂ZnO形成的异质同构的界面上，关于ZnO与其它铁磁性金属构筑界面的研究报道相对较少。对ZnO与其它磁性金属材料构筑界面的研究可以帮助更好地理解自旋极化电子的输运行为。考虑到NiFe具有优异的软磁性能，在自旋电子器件中应用广泛，常被用来作为铁磁电极，因此我们选用 NiFe作为磁性材料，将其与ZnO结合，构筑出NiFe/ZnO界面，研究ZnO晶体插层对NiFe薄膜材料结构和电输运性能的影响。

我们利用磁控溅射镀膜仪制备薄膜；溅射靶材为合金Ni81Fe19靶、金属Ta靶和ZnO靶，靶材纯度优于99.9%，基片为玻璃基片；溅射时系统本底真空优于1.0×10^{-5}Pa，工作气体Ar气压为0.2 Pa；在基片位置沿平行膜面方向施加有约300 Oe的磁场，以诱导NiFe薄膜的易磁化方向；NiFe和Ta均采用直流溅射，ZnO采用射频溅射。样品结构为：Ta/NiFe/ZnO/Ta和Ta/ZnO/NiFe/ZnO/Ta。退火样品在真空退火炉中进行带磁场退火，退火炉本底真空优于3.0×10^{-5}Pa，退火时沿薄膜的易轴方向加有约700Oe的磁场。将薄膜在不同退火温度下保温2小时后移出磁场范围，并在真空退火炉中自然冷却至室温。薄膜及元件的磁电阻值用标准四探针法测量；磁滞回线使用交变梯度磁强计(AGM，型号：MicroMag 2900)测量；薄膜结构通过常规X射线衍射（XRD）和高分辨透射电子显微镜（HRTEM）进行表征；所有测量均在室温下进行。

5.3.1 ZnO界面插层对NiFe薄膜结构与电输运性能影响

为了研究NiFe/ZnO界面对自旋极化电子输运行为的影响，我们制备了如下结构样品：Ta(5nm)/NiFe(10nm)/ZnO(t)/Ta(3nm)，t= 0，1，2，4，6nm其中，Ta被用来作为缓冲层和保护层。

图5-11(a)为Ta(5nm)/NiFe(10nm)/ZnO(t)/Ta(3nm)结构薄膜在制备态、200度和300度退火后的磁电阻变化率随ZnO层厚度的变化关系曲线;图5-11(b)为典型的Ta(5nm)/NiFe(10nm)/ZnO(4nm)/Ta(3nm) 薄膜在制备态的MR曲线。观察制备态曲线可知，较薄的ZnO (1nm) 会降低薄膜的MR值。但当ZnO厚度增

加至2-4nm时，MR值（2.25%）较1nm ZnO时（MR=1.7%）有明显提高，进一步增加ZnO厚度，MR值开始下降。观察退火后曲线可以发现：当薄膜样品在200度退火时，2-6nm ZnO 薄膜MR值均较1nm 薄膜时明显提高，其中ZnO（4nm）的MR值为2.41% 较1nm ZnO插层退火样品的MR值（1.40%）提高70%以上。随着退火温度进一步升高至300度，在ZnO厚度为4nm左右开始观察不到MR值。

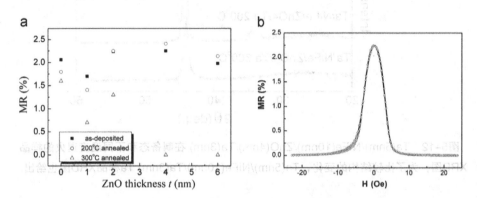

图5-11　(a)Ta(5nm)/NiFe(10nm)/ZnO(t)/Ta(3nm)薄膜在制备态、200度和300度退火时的磁电阻变化率随ZnO厚度变化曲线；(b)典型的Ta(5nm)/NiFe(10nm)/ZnO(4nm)/Ta(3nm)薄膜在制备态的MR曲线

制备态时，当沉积较薄的ZnO层没有形成连续的氧化物，界面处元素混杂，对自旋电子镜面反射作用较弱，而漫散射较强，导致MR值下降。但当ZnO厚度增加至2-4nm时，连续ZnO纳米氧化层形成，纳米氧化层对自旋电子具有镜面反射作用，使MR值较ZnO 1nm时明显提高。进一步增加ZnO厚度，由于ZnO层分流作用变得明显，MR值开始下降。

为了分析材料在退火后性能变化的原因，我们选取了Ta(5nm)/NiFe(10nm)/ZnO(4nm)/Ta(3nm) 在制备态和不同温度退火的样品做了XRD分析（图5-12）。为了比较结构的变化，Ta(5nm)/NiFe(10nm)/Ta(3nm) Ta样品XRD图也给出。Ta缓冲层可以很好地诱导NiFe晶粒的取向生长，Ta/NiFe/Ta在制备态即具有强的NiFe(111)衍射峰；当在NiFe上表面生长4 nm的ZnO以后对NiFe结构没有明显影响；在制备态和200℃退火之后均有明显的ZnO(200)衍射峰存在。ZnO能够在强织构NiFe上择优生长为(200)取向，制备态即具有晶体结构，这与非晶Al$_2$O$_3$和高温退火后才晶化的MgO纳米氧化层均明显不同；300℃退火后，ZnO择优取向被破坏，(200)衍射峰消失。

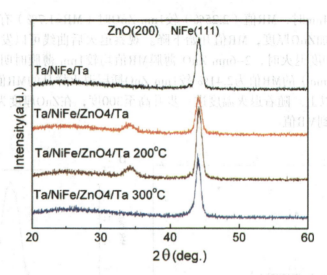

图5-12　Ta(5nm)/NiFe(10nm)/ZnO(4nm)/Ta(3nm) 在制备态和不同温度退火的样品XRD图；为了比较结构的变化，Ta(5nm)/NiFe(10nm)/Ta(3nm) Ta样品XRD图也给出。

在NiFe的上表面生长晶体纳米氧化层ZnO，构筑出NiFe/ZnO界面。低温退火时的MR值要高于高温退火时的MR值（图5-11）。为了进一步分析ZnO在低温退火时MR性能改善的原因，我们设计并制备了Ta 5nm/ZnO 16nm/NiFe 10nm /ZnO 6nm/Ta3nm 结构薄膜并在200℃进行了退火，利用HRTEM对ZnO层，NiFe层，及NiFe/ZnO界面微结构进行了观察，这里下层ZnO相对选取较厚，以期对下层ZnO结构及ZnO/NiFe界面也能作更好地观察。

图5-13（a）为低放大倍率和（b、c、d）高放大倍率下薄膜的截面HRTEM 图。从图5-13（a）可知，薄膜具有明显的分层结构，底层和顶层Ta 均为非晶结构，并且，顶层 Ta 层比底层 Ta 层的颜色要浅一些，这是由于部分 Ta 在空气中氧化生成 TaOx 的缘故。上下 Ta 层与 ZnO 层之间界面不清晰，在 Ta/ZnO 和 ZnO/Ta 界面附近颜色较浅，表明 Ta 与 ZnO 之间可能存在扩散和界面反应。图 5-13（b）NiFe 层及图 5-13（c）（d）ZnO 层中均显示出明显的不同取向的晶格条纹，表明存在很多随机取向的晶粒，为明显的多晶结构。并且，在薄膜中顶层和底层 ZnO 与 NiFe 之间构筑界面不平整，没有形成清晰平整的界面，这与其他纳米氧化层材料明显不同，光滑、平整的界面更有利于自旋电子镜面反射，对提高 MR 值有着重要作用。ZnO 纳米氧化层由于其与 NiFe 之间界面不光滑平整，将会对自旋电子产生一定地漫散射，不利于 MR 值的大幅提高。

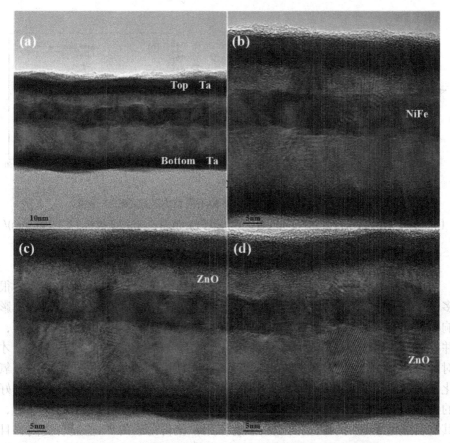

图5-13 Ta/ZnO/NiFe/ZnO/Ta结构薄膜截面透射电镜图

5.3.2 高温退火对Ta/NiFe/ZnO/Ta薄膜磁性影响

为了进一步了解NiFe/ZnO结构薄膜在300℃退火时磁电阻值迅速下降为0的原因，我们选取Ta(5nm)/NiFe(10nm)/ZnO(4nm)/Ta(3nm)300℃退火后的样品来进行磁性测量，并与没有ZnO插层的Ta(5nm)/niFe(10nm)/Ta(3nm)制备态薄膜比较。图5-14所示为两个结构薄膜的易轴和难轴的磁滞回线。由图可以看出，纯NiFe薄膜有很好的磁各向异性能（图5-14b），而插入上层ZnO(4nm)并退火300℃后的样品其磁各向异性急剧变差，且其饱和磁矩明显下降，饱和场明显增大（图5-14a）。这说明NiFe有效厚度变小了，进一步证明了Ta(5nm)/NiFe(10nm)/ZnO(4nm)/Ta(3nm)结构薄膜在300℃退火时薄膜中存在严重的扩散和界面反应。

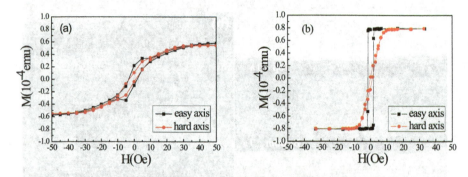

图5-14 niFe厚度为10nm时两种不同结构薄膜的磁滞回线

（a）300℃退火后的Ta(5nm)/NiFe(10nm)/ZnO(4nm)/Ta(3nm)结构和（b）Ta(5nm)/
NiFe(10nm)/Ta(3nm)结构

纳米氧化层对自旋极化电子具有镜面反射作用，常见的纳米氧化物很多，如MgO。ZnO与MgO同为晶体纳米氧化层，但其对NiFe材料MR值的影响截然不同：NiFe/MgO结构薄膜随退火温度的升高其MR性能显著改善，并在450℃时退火性能最佳。而NiFe/ZnO结构样品只有在较低温度退火才对MR值提高有一定效果，300度退火后其MR值下降为0。不同晶体纳米氧化层材料性能的差异与其性质有关：MgO是绝缘体，电阻率高，有相当好的化学稳定性；它们与氧结合紧密，且退火后大量晶化，界面更加平坦，其对自旋电子起到了明显的镜面散射作用，使得薄膜的MR值显著提高，且MgO与NiFe之间基本不发生界面反应，具有很好的热稳定性。而ZnO是半导体，具有一定的分流效应，其与NiFe之间存在扩散和界面反应，使得不能形成光滑平整的纳米氧化层界面，在较低温度退火有助于界面改善，对自旋电子镜面反射有一定帮助，但在高温退火时严重的扩散及界面反应将发生，使得NiFe有限厚度减小，界面混杂，没有MR效应存在。

综合本节结果：

对不同退火温度下NiFe与ZnO构筑界面进行了研究。ZnO厚度对NiFe薄膜电输运性能影响很大，当薄膜样品在200度退火时，ZnO（4nm）的MR值为2.41%较1nm ZnO插层退火样品的MR值（1.40%）提高70%以上。但随着退火温度进一步升高至300度，材料性能迅速恶化，在ZnO厚度为4nm左右开始观察不到MR值。

NiFe与相邻的晶体ZnO层之间存在扩散和界面反应，不能形成光滑平整的纳米氧化层界面。当在较低温度退火有助于界面改善，对自旋极化电子镜面反射有一定帮助，但在高温退火时严重的扩散及界面反应将发生，会导致MR值急剧下降。

对ZnO材料研究表明，只有选择合适的磁性层与其构筑界面，并在较低温度下退火，才会有助于自旋极化电子输运性能的明显提高。

第6章 具有强自旋轨道耦合的贵金属界面插层研究

6.1 概论

基于各向异性磁电阻效应的NiFe薄膜材料，虽然材料对方向敏感，但是磁电阻效应偏低，磁场灵敏度偏小。因此，目前一个重要的研究课题是如何发展新材料，提高材料的磁场灵敏度。考虑到各向异性磁电阻效应来源于自旋–轨道耦合相关的散射，而贵金属Au、Pt等原子也具有强的自旋–轨道耦合作用，因此将贵金属作为NiFe薄膜材料的界面插层，利用Au、Pt原子的强的自旋–轨道耦合来增强自旋极化电子在界面处的自旋–轨道相关散射，进而改善NiFe薄膜的电输运性能成为一种可能。而且利用贵金属作为界面插层，由于其整个结构为全金属结构，避免了因热膨胀系数的差距产生晶格畸变或"纳米缺陷"从而保证了材料具有良好的使用性能。

我们利用磁控溅射镀膜仪制备薄膜。溅射靶材为合金$Ni_{81}Fe_{19}$靶、$Ni_{48}Fe_{12}Cr_{40}$靶和金属Ta靶、Au靶、Pt靶，靶材纯度优于99.9 %，基片为表面带有500nm氧化层的单晶硅基片。溅射时在基片位置沿平行膜面方向施加有约300 Oe的磁场以诱导NiFe薄膜的易磁化方向。样品结构为：

（Ⅰ） Ta 5nm/NiFe 10nm/Ta 5nm

（Ⅱ） Ta 5nm/Au (t)/NiFe 10nm/Ta 5nm

Ta 5nm/NiFe 10nm/Au (t)/Ta 5nm

Ta 5nm/Au (t)/NiFe 10nm/Au (t)/Ta 5nm

（Ⅲ） Ta 5nm/Pt (t)/NiFe 10nm/Ta 5nm

Ta 5nm/NiFe 10nm/Pt (t)/Ta 5nm

Ta 5nm/Pt (t)/NiFe 10nm/Pt (t)/Ta 5nm

（Ⅳ） niFeCr 4.5nm/NiFe 10nm/Pt (t)/Ta 5nm

样品退火是在真空退火炉中进行，退火炉本底真空优于2.0×10^{-5}Pa，退火时沿薄膜的易轴方向加有约700 Oe的磁场，将薄膜在不同退火温度下保温2小时后移出磁场范围，并在真空退火炉中自然冷却至室温。薄膜样品的磁电阻值用标准四探针法测量；薄膜微结构通过X射线衍射（XRD）和截面高分辨电镜（HRTEM）进行表征。

6.2　贵金属Au界面插层研究

6.2.1　Au界面插层对NiFe薄膜结构与性能影响

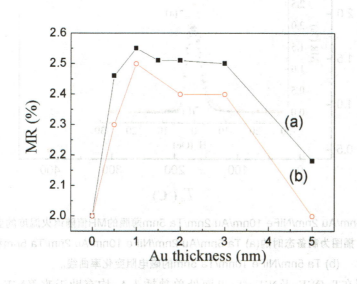

图6-1　(a)Ta 5nm/Au (t)/NiFe 10nm/Ta 5nm和 (b) Ta 5nm/NiFe 10nm/Au (t)/
Ta 5nm的MR值随Au层厚度变化关系曲线

为了系统研究Au插层厚度及位置对NiFe材料自旋极化电子输运行为的影响，固定NiFe厚度为10nm制备了Ta 5nm/Au (t)/NiFe 10nm/Ta 5nm 结构薄膜，其磁电阻变化率（MR）值随Au层厚度变化关系如图6-1(a)所示。传统制备不加Au插层样品的MR值为2.0%，当在薄膜Ta/NiFe界面处插入少量的Au（0.5nm），薄膜的MR值（2.45%）即有明显提高；在Au厚度为1.0nm时，MR值达到最大（2.55%）；此后随着Au厚度的增加，MR值基本保持不变；但当Au层厚度超过3nm时，薄膜MR值开始下降，但当插入5nm Au时，MR值仍明显高于传统的Ta/NiFe/Ta结构。可见在Ta/NiFe/Ta下界面处插入Au能明显改善NiFe薄膜的自旋极化电子输运行为。Au插层对NiFe/Ta界面性能的影响如图6-1(b)所示，样品结构为Ta 5nm/NiFe 10nm/Au (t)/ Ta 5nm。其MR值随Au层厚度变化趋势与下界面插入Au趋势基本相同，只是MR增加幅度略小于下界面插入Au时情况，如上界面插1.0nm的Au后，MR值由制备态的2.0％只提高到2.50％。对性能的观测表明，在Ta/NiFe/Ta薄膜的上下界面处分别单独引入Au插层以后，薄膜的MR值均会有明显提高。

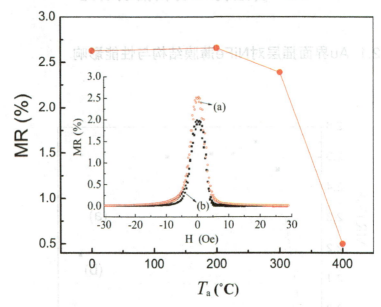

图6-2　Ta 5nm/Au 2nm/NiFe 10nm/Au 2nm/Ta 5nm薄膜的MR值随退火温度的变化关系曲线，插图为制备态时的(a) Ta 5nm/Au 2nm/NiFe 10nm/Au 2nm/Ta 5nm和(b) Ta 5nm/NiFe 10nm/Ta 5nm的磁电阻变化率曲线。

考虑到在Ta/NiFe及NiFe/Ta界面处单独插入Au均有助于改善NiFe薄膜的自旋电子输运行为，因此制备了Ta/Au/NiFe/Au/Ta这种上下界面同时插Au的样品，并研究了其热稳定性。图6-2为Ta 5nm/Au 2nm/NiFe 10nm/Au 2nm/Ta 5nm薄膜的MR值随退火温度的变化关系曲线，插图为制备态时的磁电阻变化率曲线。这种双Au插层NiFe薄膜，其MR值在制备态时为2.63％，较上下界面单独插Au时的最大MR值（2.55％）有所提高，并且其热稳定性也较好，在300℃时仍具有大的MR值，与Ta/NiFe/Ta结构相比，薄膜的热稳定性有了一定程度的改善。但当温度超过300℃时，由于多层膜中各层之间互扩散严重，导致性能恶化，自旋极化电子输运行为明显下降。

在Ta/NiFe/Ta薄膜的上下界面处分别插入Au插层均有利于NiFe薄膜自旋电子输运性能的改善，为了研究Au插层如何对薄膜性能进行影响，利用XRD对上下界面处分别插入Au的样品进行了微结构表征。图6-3(a)为下界面插入不同厚度的Au得到的NiFe薄膜的XRD图谱。下界面未插入Au时，Ta/NiFe/Ta薄膜具有明显的NiFe（111）衍射峰，当在下界面插入Au后，Au插层的存在会破坏Ta对NiFe织构的诱导作用，使得NiFe（111）衍射峰的强度被明显削弱。图6-3 (b)为上界面插入不同厚度的Au得到的NiFe薄膜的XRD图谱。与下界面插入Au不同，在NiFe上界面插入Au对NiFe织构没有明显影响，三个样品都具有良好的NiFe（111）方向织构，并且在Au插层厚度为2nm时，薄膜中出现了Au的（111）方向织构。XRD结果表明：在NiFe不同界面插入Au对NiFe微结构的影响并不相同。

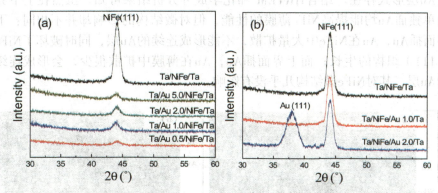

图6-3 不同Au插层厚度的（a）Ta 5nm /Au (t)/NiFe 10nm/ Ta 5nm和
（b）Ta 5nm/NiFe 10nm/Au (t)/Ta 5nm的XRD图谱

6.2.2 Ta/Au/NiFe/Au/Ta薄膜微结构研究

为了进一步研究Au插层明显改善NiFe薄膜性能的原因，利用高分辨透射电镜获得了Ta 5nm/Au 2nm/NiFe 10nm/Au 2nm/Ta 5nm薄膜的截面高分辨电子显微谱。

图6-4(a)(b)为两张Ta 5nm/Au 2nm/NiFe 10nm/Au 2nm/Ta 5nm薄膜的截面高分辨电镜照片。从图6-4(a)中可以看出底层和上层Ta均为非晶结构；没有观察到下面的Au/NiFe界面；在NiFe层中可以观察到不同方向的晶格条纹，表明NiFe层是多晶层；在NiFe沉积之后生长的Au层具有良好的晶体结构，表现出明显的晶格条纹，并形成连续晶化的Au层。在图6-4(b)中有部分区域没有发现NiFe层和Au层之间的界面，从照片的晶格条纹看Au层在NiFe层的基础上实现了外延式的生长。

进一步对样品进行化学成分分析，如图6-4(c)，给出了结构为Ta 5nm/Au 2nm/NiFe 10nm/Au 2nm/Ta 5nm 薄膜的HAADF 图像。与SiO2 基体相比，薄膜由于含有Ta, Fe,ni 重元素金属而显示出明亮的对比度。图6-4(d) 给出了薄膜从底层Ta 到顶层Ta（图6-3(c)中红色箭头方向）的EDS线扫描结果。Ta 在薄膜中扩散严重，在磁性层NiFe中含有一定量的Ta，其会对NiFe性能产生不利影响，若能抑制Ta扩散进NiFe中，将会明显改善NiFe薄膜的磁性。Au在薄膜中也存在着扩散，从图6-4（d）中可以发现，下层 2nm 厚的Au在薄膜中分布距离接近10nm，有大量Au扩散进NiFe层中，使得不能形成连续的Au层；而上界面Au虽然也存在着一定程度的扩散，但分布距离很短，大约5nm左右，虽然仍有少量Au扩散进NiFe层中，但大部分Au仍以连续Au层形式存在。结合HRTEM 和化学成分分析结果可知，虽然在上下界面单独插Au均能提高NiFe薄膜的性能，但对微结构的影响却并不相同：下界面插Au，Au在NiFe中大量扩散，不能形成连续的Au层，同时破坏了NiFe（111）织构的生长；而上界面插Au，Au在薄膜中扩散很少，会形成连续的Au层，其对NiFe微结构几乎没有影响。

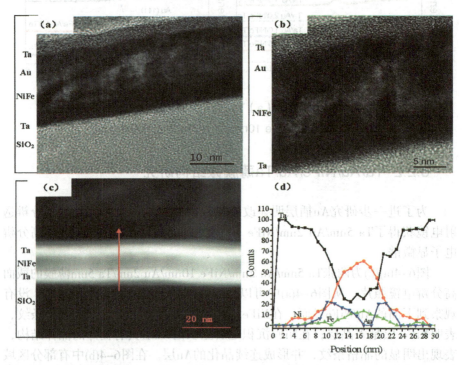

图6-4　Ta 5nm/Au 2nm/NiFe 10nm/Au 2nm/Ta 5nm薄膜的高分辨电子显微谱，其中(a)和(b) 是截面HRTEM 图像, (c) HAADF 图像, (d) EDS线扫描结果（图c中红色箭头方向）

　　Au是一种常用的表面活化剂，其表面能较低（1506mJ/m²），当在几纳米厚的Au上沉积表面能较高的Ni(3050mJ/m²)、Fe(2837mJ/m²)时，Au原子会不断迁移到NiFe表面，不会形成稳定的Au层，同时Au在薄膜中的扩散作用将会破坏Ta对NiFe织构的诱导作用，使得NiFe晶粒在生长时没有择优取向，不能形成好的（111）方向的织构。通常好的NiFe（111）织构对应于大的MR值，虽然Au插层会明显破坏NiFe（111）织构，但由于Au具有比较强的自旋–轨道相互作用，Au原子在NiFe层中的大量扩散将对自旋电子产生强的自旋–轨道相关散射，延长电子的平均自由程，减小薄膜电阻率，增大磁电阻变化率值，这是Ta/NiFe/Ta下界面插Au后薄膜性能改善的主要原因。而在Ta/NiFe/Ta上界面插Au，后生长的Au层将能够被NiFe诱导出好的晶体结构，形成晶化的金属Au层，这将有利于NiFe层中的自旋电子在NiFe/Au界面处发生强的镜面反射作用，延长电子的平均自由程，增大磁电阻变化率，这是上界面插Au后薄膜性能改善的一个主要原因。此外，在Ta/NiFe/Ta的NiFe上下界面处引入Au插层也会抑制Ta与NiFe之间的界面反应，减小磁死层，也有利于自旋电子输运行为的改善。

综合本节结果：

利用具有强自旋轨道耦合的Au插层来调控NiFe材料微结构进而改善自旋电子输运性能是可行的。

在Ta/NiFe/Ta薄膜的上下界面单独插入Au均会明显改善NiFe薄膜的磁电阻值。微结构研究表明：在下界面插入Au不会形成连续的Au层，Au会大量扩散进NiFe层中，利用Au原子对自旋电子强的自旋–轨道相关散射作用来提高磁电阻值。在上界面插入Au会形成连续的Au晶体层，有利于NiFe层中的自旋电子在NiFe/Au界面处发生强的镜面反射作用，延长电子的平均自由程，增大磁电阻变化率。

在Ta/NiFe/Ta的NiFe上下界面处引入Au插层也会抑制Ta与NiFe之间的界面反应，减小磁死层，也有利于自旋电子输运行为的改善。

对Au/NiFe及NiFe/Au界面的研究将为进一步优化设计NiFe材料结构，改善NiFe材料自旋电子输运行为提供帮助。

6.3　贵金属Pt界面插层研究

6.3.1 Pt界面插层对Ta/NiFe/Ta薄膜结构与性能影响

利用Au作为界面插层，可以将NiFe薄膜的MR值由2.0%提高到2.55%。虽然NiFe的MR值有了一定程度的提高，但提高幅度并不明显，并且薄膜

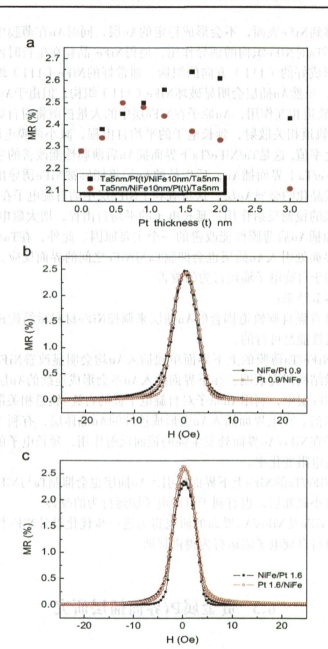

图6-5　a：Ta 5nm/Pt (t)/NiFe 10nm/Ta 5nm与Ta 5nm/NiFe 10nm/Pt (t)/Ta 5nm的
MR值随Pt层厚度的变化曲线，这里t=0~3.0nm。图6-5b和6-5c分别为Pt厚度为0.9nm
和1.6nm时Ta 5nm/Pt (t)/NiFe 10nm/Ta 5nm和Ta 5nm/NiFe 10nm/Pt (t)/Ta 5nm薄膜
的磁电阻变化率曲线。

的热稳定性还是较差，在400℃退火后MR值已降至0.5%。为了进一步提高NiFe薄膜的MR值以及改善热稳定性，我们用Pt代替Au，因为Pt原子同样具有强的自旋-轨道耦合作用，并且其电阻率（9.85 $\mu\Omega\cdot cm$）比Au电阻率（2.06 $\mu\Omega\cdot cm$）大，可以有效减少插层分流。

图6-5a给出了Ta 5nm/Pt (t)/NiFe 10nm/Ta 5nm与Ta 5nm/NiFe 10nm/Pt (t)/Ta 5nm的MR值随Pt层厚度的变化关系曲线。对于没有Pt插层的Ta 5nm/NiFe 10nm/ Ta 5nm超薄NiFe薄膜样品，制备态下磁阻变化率MR值为2.28%。当引入Pt插层厚度<1nm时，两种结构样品MR值均随着Pt插层厚度增加而增加，两种结构样品的MR值并无明显差别；但从Pt厚度1nm 开始，Ta/NiFe/Pt/Ta样品MR值开始下降，而Ta/Pt/NiFe/Ta样品MR值继续增加，在Pt厚度为1.6nm时，两者结构对MR值影响差异最大，此时Ta /Pt/NiFe/Ta样品MR值（2.65 %）较Ta /NiFe/Pt/Ta样品MR值（2.36 %）提高幅度接近13 %。进一步增加Pt插层厚度，由于Pt分流，两者MR值均呈现减小趋势。

图6-5b为Pt厚度为0.9nm时，Ta/Pt/NiFe/Ta与Ta/NiFe/Pt/Ta样品的MR曲线图，两者曲线基本重合，无明显区别；图6-5 c为Pt厚度为1.6nm时Ta/Pt/NiFe/Ta与Ta/NiFe/Pt/Ta样品的MR曲线图，从图中可以看到，Ta/Pt/NiFe/Ta样品的MR值要明显高于Ta/NiFe /Pt/Ta样品，而两者的饱和场基本一样，这使得在Pt较厚情况下，Ta /Pt/NiFe/Ta结构样品磁场灵敏度要明显高于Ta/NiFe/Pt/Ta结构样品。

图6-6 为一系列不同Pt厚度的Ta/Pt/NiFe/Ta与Ta/NiFe/Pt/Ta薄膜样品的XRD图，其中（a）Ta 5nm/Pt (t)/NiFe 10nm/Ta 5nm结构；（b）Ta 5nm/NiFe 10nm/Pt (t)/Ta 5nm结构。对Ta/NiFe/Ta而言，当在NiFe下表面插入Pt，形成Pt/NiFe界面，Pt对NiFe微结构有一定影响：插入Pt后，从NiFe（111）衍射半峰宽对比来看，NiFe晶粒尺寸较无Pt样品变小。此外，随着Pt厚度的逐渐增加，Pt开始形成晶体结构（图6-6a）。而当在NiFe上表面生长Pt，形成NiFe/Pt界面，由于是在NiFe之后沉积Pt层，Pt对NiFe微结构并没有明显影响，这点可从NiFe（111）衍射峰半峰宽无明显变化得到验证(图6-6b)。在图6-6b中，当上层Pt厚度在1.6nm及以上厚度时，薄膜中除了同样存在Pt（111）峰外，还开始出现强的Ta（110）衍射峰，说明Pt和Ta层均具有一定的晶体结构。对于Ta/NiFe/Pt/Ta结构而言，其Ta层具有明显的晶体结构，这与Ta/Pt/NiFe/Ta结构完全不同，表明在NiFe不同表面处引入Pt插层对薄膜微结构造成了不同影响。

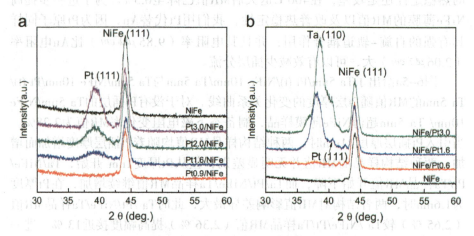

图6-6 （a)和（b）为一系列不同Pt厚度的两种结构样品的XRD图。

（a）Ta5nm/Pt (t)/NiFe10nm/Ta 5nm结构；

和（b）Ta5nm/NiFe10nm/Pt (t)/Ta 5nm结构

对于同样厚度(如1.6nm)的Pt插层，Ta/Pt/NiFe/Ta结构样品的MR值（2.65%）要明显高于Ta/NiFe/Pt/Ta结构样品的MR值（2.36%），提高幅度超过（13%）（图6-5a）。为了分析其原因，我们对上述两个不同结构同样Pt厚度的样品做了截面高分辨透射电镜样品分析，如图6-7所示：从图6-7a中可以发现，底层Ta为非晶结构；其上生长的Pt、NiFe层中均存在明显的晶格条纹，表明Pt、NiFe均为晶体结构；在图6-7a中，NiFe层在Pt层上实现了很好的外延生长关系，使得并没有观察到明显的Pt/NiFe界面；最顶层的Ta具有非晶结构。对于图6-7b，底层Ta为非晶结构；其上生长的NiFe层同样具有很好地晶体结构；在NiFe上表面沉积的Pt层具有很好地晶体结构，显示出明显的晶格条纹；并且，Pt在NiFe层上实现了很好地外延生长，使得在NiFe与Pt层之间无明显界面存在。与图6-7a明显不同之处在于，图6-7b中，顶层Ta在晶体Pt层上实现了很好地外延生长，显示出明显的晶格条纹，这与XRD结果相一致（图6-6b）。这也是造成两种结构样品MR值明显差异的主要原因之一。

Pt具有强的自旋-轨道耦合作用，将其插入Ta/NiFe/Ta结构不同界面处会形成新的Pt/NiFe界面和NiFe/Pt界面，并会对其后沉积的各层微结构产生重要影响。研究发现，少量的Pt插入Ta/NiFe/Ta结构不同界面处均有利于MR值的提高，这与Pt强的自旋—轨道耦合作用密切相关。所形成的两种新的薄膜结构Ta/Pt/NiFe/Ta和Ta/NiFe/Pt/Ta的MR值在Pt厚度<1nm 时无明显差别；但从Pt厚度1nm 开始，Ta/NiFe/Pt/Ta样品MR值开始下降，而Ta/Pt/NiFe/

Ta样品MR值继续增加，在Pt厚度为1.6nm时，两者结构样品对MR值影响差异最大，此时，Ta/Pt/NiFe/Ta结构样品的MR值要明显高于Ta/NiFe/Pt/Ta样品。微结构研究表明：两种结构中Pt和NiFe层均为明显的晶体结构，并且均具有良好的晶格匹配关系。在NiFe上表面直接沉积的Ta层显示出非晶结构，而在Pt层上沉积的Ta层显示出良好的晶体结构。非晶Ta较晶体Ta对自旋电子的散射更大，电阻率更高，其分流作用将更小，使得流过NiFe层的有效电流增多，从而导致具有非晶Ta顶层的Ta/Pt/NiFe/Ta样品的MR值明显高于具有晶体Ta顶层的Ta/NiFe/Pt/Ta样品的MR值。

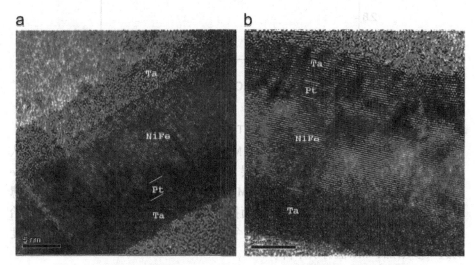

图6-7　两个不同界面结构同样Pt厚度样品的截面高分辨透射电镜图。
（a）Ta 5nm/Pt 1.6nm/NiFe 10nm/Ta 5nm结构
和（b）Ta 5nm/NiFe 10nm/Pt 1.6nm/Ta 5nm结构

6.3.2 Pt界面插层对NiFeCr/NiFe/Ta薄膜结构与性能影响

前面将Pt插入Ta/NiFe/Ta不同界面处，基于Pt对自旋电子的强自旋-轨道相关散射作用，不仅使MR值有了明显提高，而且热稳定性也有了明显改善。文献报道利用NiFeCr作为种子层能生长出较大的具有 (111) 织构的晶粒，同时层间界面也比较光滑，由此得到的MR值较Ta/NiFe/Ta大得多。如果用NiFeCr代替Ta来诱导NiFe强的（111）织构，同时利用Pt对自旋电子强的自旋-轨道相关散射，薄膜的MR值和热稳定性能否进一步得到提高和改善呢？为此我们设计并制备了NiFeCr/NiFe/Pt/Ta结构，并对其进行了研究。

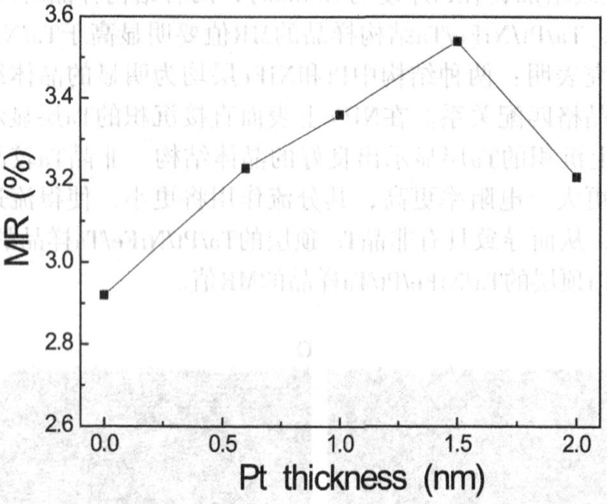

图6-8　niFeCr 4.5nm/NiFe 10nm/Pt (t)/Ta 5nm的MR值随Pt层厚度的变化关系曲线

图6-8为NiFeCr/NiFe/Pt (t)/Ta的MR值随Pt层厚度的变化关系曲线，从图中可以看到，以NiFeCr作为种子层，Ta作为保护层的NiFeCr 4.5nm/NiFe 10nm/Ta 5nm样品，其磁电阻变化率MR值为2.92 %，较传统的Ta/NiFe/Ta薄膜的2.03 %有明显提高；当在上界面插入一定厚度的Pt插层后，MR值开始逐渐升高，在Pt=1.5nm时，MR达到一个极大值MR=3.53 %，随着Pt插层厚度的进一步增加，MR值有所下降。

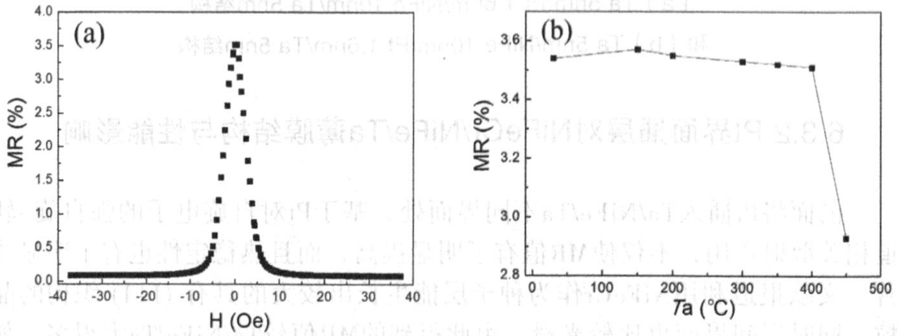

图6-9　niFeCr 4.5nm/NiFe 10nm/Pt 1.5nm/Ta 5nm薄膜的(a)磁电阻变化率曲线；(b) MR值随退火温度的变化曲线.

图6-9(a)为NiFeCr 4.5nm/NiFe 10nm/Pt 1.5nm/Ta 5nm的磁电阻变化率曲线，其最大磁场灵敏度为1.80 %/Oe。图6-9(b)为NiFeCr 4.5nm/NiFe 10nm/Pt

1.5nm/Ta 5nm的MR值随退火温度的变化关系曲线。这种结构薄膜具有极好的热稳定性，在400℃退火时其MR值仍保持较高的数值3.51%。

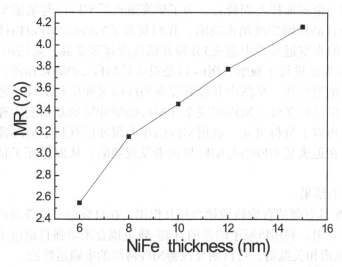

图6-10　niFeCr 4.5nm/NiFe (t)/Pt 1.5nm/Ta 5nm的MR值随NiFe厚度的变化曲线

　　图6-10为NiFeCr 4.5nm/NiFe (t)/Pt 1.5nm/Ta 5nm 的MR值随NiFe层厚度的变化关系曲线，随着NiFe厚度的增加，MR值增加明显，NiFe厚度为15nm时，其MR值已达到4.2％。

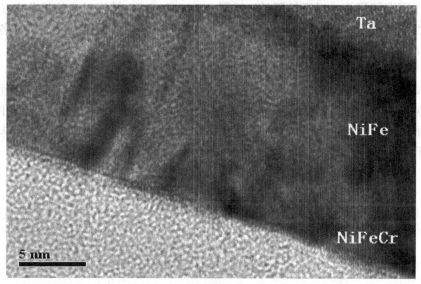

图 6-1　1niFeCr/NiFe/Ta薄膜截面的高分辨透射电镜照片。

　　从应用角度来说，在传感器制造过程中需要在一定温度下进行退火，如果材料的热膨胀系数差别较大，可能产生晶格畸变或纳米缺陷，导致器件失效或较高的噪音。我们设计的磁性多层膜为全金属材料，热膨胀系数不像氧化物与金属那样差别较大，为了研究退火后NiFeCr与敏感NiFe层之间界面是否有晶格畸变或纳米缺陷，我们制备了NiFeCr/NiFe/Ta样品，使其在300 ℃的真空退火炉中退火5分钟并迅速冷却至室温，采用HRTEM对NiFeCr/NiFe界面进行了观察。图6-11是退火后NiFeCr/NiFe/Ta薄膜截面的高分辨透射电镜照片。从图中并没有发现NiFeCr缓冲层和NiFe层之间的界面，从照片的晶格条纹看NiFe层完全在NiFeCr缓冲层的基础上实现了外延式的生长。由以上分析可知，利用NiFeCr作为缓冲层有利于NiFe薄膜外延式的生长；在退火后NiFeCr与NiFe界面未发现缺陷，从而保证了材料的良好磁性。

综合本节结果：

（1）Pt 具有强的自旋轨道耦合相互作用，在自旋电子器件薄膜材料中有着广泛的应用，利用Pt原子的强的自旋-轨道耦合来增强自旋电子在界面处的自旋-轨道相关散射，可以明显改善NiFe薄膜的电输运性能。

（2）对于传统的Ta/NiFe/Ta结构薄膜，通过在NiFe上下表面处分别引入Pt插层，制备了Ta/Pt/NiFe/Ta和Ta/NiFe/Pt/Ta两种结构样品，系统研究了Pt插层不同位置对自旋极化电子输运性能的影响。研究发现，少量的Pt插入Ta/NiFe/Ta结构不同界面处均有利于MR值的提高，这与Pt强的自旋-轨道耦合作用密切相关。对于较厚的Pt插层，Ta/Pt/NiFe/Ta结构对自旋极化电子输运性能要明显好于Ta/NiFe/Pt/Ta结构，这与Pt插层引入后对其随后沉积各层微结构的不同影响有关。

（3）设计了一种全金属高灵敏度NiFeCr/NiFe/Pt/Ta结构薄膜材料。通过NiFe在NiFeCr上外延式生长，以及界面Pt原子对自旋电子的强自旋-轨道相关散射作用，薄膜的磁场灵敏度可以达到1.8 %/Oe，已经接近某些TMR材料的磁场灵敏度。HRTEM观察表明，NiFeCr与NiFe间的界面在退火后未观测到晶格畸变或"纳米缺陷"，从而保障了材料具有良好的磁学性能。

第7章　其它类型界面插层材料研究

7.1 概论

在前面几章界面插层的研究中，我们对一些非晶氧化物材料（SiO_2和Al_2O_3）、晶体氧化物材料（MgO和ZnO）、强自旋轨道耦合的贵金属材料（Au和Pt）等进行了系统研究。本章主要介绍两种其它类型的界面插层材料，一类是磁性金属氧化物$CoFeOx$，还有一类是非磁性材料AlN，研究这两类材料对$NiFe$薄膜材料结构和电输运性能的影响。

7.2 磁性金属氧化物$CoFeO_x$界面插层研究

近年来，纳米氧化层（nano-oxide layers，NOLs）在自旋阀中的作用受到了广泛的关注。Iwasaki等人首先发现：在自旋阀中，通过氧化一部分被钉扎层和自由层中的铁磁金属$CoFe$来形成纳米氧化层，可以使薄膜的磁电阻值达到16%。普遍认为自旋阀磁电阻值增大的原因是纳米氧化层的镜面反射作用造成的。传导电子受到纳米氧化层的镜面反射，并保持其自旋取向不变，延长了自旋电子的自由程。随后，许多实验小组通过类似的方法来提高薄膜的磁电阻值。但是，纳米氧化层对各向异性磁电阻薄膜性能影响的研究报道很少。

各向异性磁电阻$NiFe$材料由于具有高的各向异性磁电阻值以及磁致伸缩系数接近于零而得到广泛的研究。因此，我们尝试将磁性金属氧化物$CoFeOx$纳米氧化层插入到$NiFe$磁电阻薄膜中，研究$CoFeOx$纳米氧化层对$NiFe$薄膜磁电阻的影响。

我们利用磁控溅射法制备薄膜样品，溅射靶材为合金靶$Ni_{81}Fe_{19}$和金属Ta靶，纯度优于99.9 %。基片为单晶硅，表面附有500nm的氧化层。溅射时系统本底真空优于$2.5 \times 10^{-5}Pa$，工作气体Ar气压为0.4Pa；溅射过程中为了诱导诱导$Ni_{81}Fe_{19}$薄膜的易磁化方向，在基片位置沿平行膜面方向施加有约

25 kA/m的磁场。CoFeOx纳米氧化层（NOL）是通过先制备一层CoFe金属薄膜，然后通入纯度为99.9％的氧气，使样品在溅射室中氧化的方法获得。氧化时间为20分钟，氧气气压为0.2 Pa。薄膜样品均进行了真空退火处理。真空退火条件为：本底真空优于5 ×10-5Pa，退火温度为 260℃，退火时间为20分钟；退火时，沿薄膜的易磁化轴方向施加有约25 kA/m的磁场。薄膜样品的磁电阻MR和薄膜电阻率ρ由标准四探针法测量；样品结构通过常规X射线衍射（XRD）方法获得。所有测量均在室温下进行。

7.2.1 单层CoFeOₓ对NiFe薄膜结构与性能影响

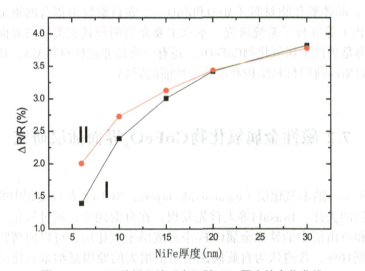

图7-1 I、II两种样品的磁电阻随NiFe厚度的变化曲线

为了研究CoFeOx-NOL对NiFe薄膜磁电阻的影响。我们制备了如下两种结构的薄膜样品，（I ）Ta(5nm)/niFe(xnm) /Ta(3nm)和（II ）Ta(5nm)/nOL(1.5nm) /niFe(xnm) /Ta(3nm)，其中NiFe层的厚度分别为6、10、15、20、30 (nm)。

图7-1是I，II两种样品的磁电阻值随NiFe厚度的变化曲线。从图中可以看出：随着NiFe厚度的增加，I，II两种结构的薄膜样品的磁电阻值也随着增大。但是，对于相同NiFe厚度的薄膜样品，当NiFe厚度小于15nm时，样品II的磁电阻值均大于样品I的磁电阻值，并且随着NiFe厚度的降低，磁电阻值差别越大。当NiFe厚度大于20nm时，样品II的磁电阻值增加趋势逐渐减小，磁电阻值开始小于样品I的磁电阻值。为了研究产生这种现象的原因，我们对NiFe厚度分别为10nm和30nm的I、II两种样品进行了XRD分析。

（Ⅱ）曲面及测试方法等影响及其精确的测定，由于（111）峰，属于相用 Scherrer公式计算晶粒尺寸和与NiFe的取向度影响，并测算峰面积以上面表 的 Scherrer公式。故我们的尺寸为左。

$$D = \frac{k\lambda}{\beta \cos \theta}$$ ［7-1］

有的是 D/KD，是微粉晶体半宽度， 在有 衍射强度；θ 与衍射角。λ为入射 的X射线波长；k 是 Scherrer 参数。故与 测试所得的度为 10nm的I、II两种样品的 K大于热量 5.4nm 和 D 0.7nm时 NiFe层厚度 为 30nm时 I、II II种品样 K 大于晶粒尺寸为 20.0nm 和 0.65 14.3nm; 以NiFe层厚度大于 20nm时，I 类样品的 峰值比大，但I类具有取向度电阻却与其对应的 II类薄膜样品差异于和温度的对 （111）峰电阻度，及与 NiFe 含义的插面相一致；但是，对于相似度电子于 150nm的 NiFe的电阻对应取向度的片电阻比于（111）相似度对 I较强，I 且 其有影响。但是具有高的插电阻对应 II峰样品的高的简单电阻应。

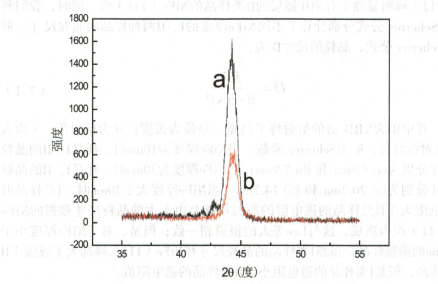

图7-2　10nm-NiFe的I、II两种样品的XRD图

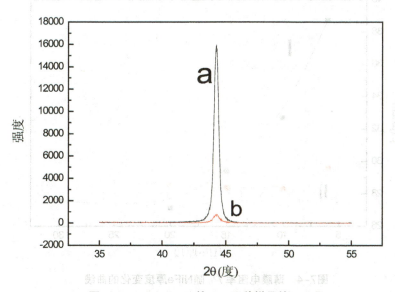

图7-3　30nm-NiFe的I、II两种样品的XRD图

　　图7-2中曲线（a）是10nm-NiFe厚度的I类样品的XRD图，曲线（b）是10nm-NiFe厚度的II类样品的XRD；图7-3中曲线（a）是30nm-NiFe厚度的I类样品的XRD图，曲线（b）是30nm-NiFe厚度的II类样品的XRD。从图7-2、图7-3中可以看出：对于10nm和30nm厚的NiFe薄膜，I、II两种薄膜样品均显示NiFe（111）峰。但是，没有NOL插层的I类薄膜样品的NiFe

（111）峰明显强于有NOL插层的II类样品的NiFe（111）峰。同时，我们利用 Scherrer 公式分别计算了不同NiFe厚度的I、II两种样品的晶粒尺寸。根据Scherrer 公式，晶粒的尺寸D 为：

$$D = \frac{K\lambda}{B \cdot \cos\theta} \qquad (7-1)$$

其中B 为XRD 谱的衍射峰半高宽，单位为弧度；θ 为衍射角；λ 为入射X射线波长；K 为Scherrer 常数。当NiFe厚度为10nm时，样品I、II的晶粒尺寸分别为(a) 8.9nm 和 (b) 7.9nm；当NiFe厚度为30nm时，样品I、II的晶粒尺寸分别为(a) 20.2nm 和 (b) 14.7nm。当NiFe厚度大于20nm时，I类样品的磁电阻大于II类样品的磁电阻的原因可能是由于大的晶粒尺寸和强的NiFe（111）织构造成，这与Lee等人的报道相一致；但是，对于NiFe厚度小于15nm的薄膜样品，虽然I类样品的晶粒尺寸和NiFe（111）峰都大于或强于II类样品，但是I类样品的磁电阻小于II类样品的磁电阻值。

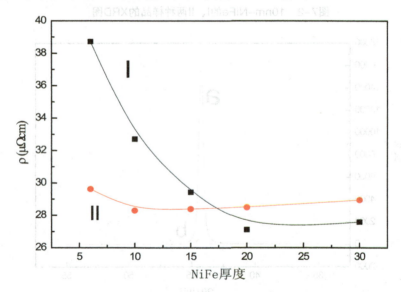

图7-4 薄膜电阻率 ρ_0 随NiFe厚度变化的曲线

图7-4是I、II两种薄膜样品的电阻率 ρ_0 随NiFe厚度的变化曲线。从图7-4中可以看出：对于样品I，随着NiFe厚度的增加，薄膜的电阻率 ρ_0 减小，这是由于在NiFe薄膜中，随着NiFe厚度的增加，可以形成大的晶粒尺寸，进而可以减少薄膜中晶界的总面积，减少晶面对传到电子的散射，从而减小薄膜的电阻率 ρ_0；对于样品II，不管NiFe的厚度是多少，薄膜的电阻率 ρ_0 基本保持在一个稳定的数值上。

Mott的双电流模型指出，铁磁金属中，居里温度以下，在大多数散射事件中，载流子的自旋方向保持不变，自旋向上和自旋向下的载流子可以表示为沿着传导的两个平行路径，可以简单表示为有两种载流子电阻率 $\rho^{\uparrow}$ 和 $\rho^{\downarrow}$ 的平行电路，铁磁金属的电阻率可表示为： $\rho = \dfrac{\rho^{\uparrow}\rho^{\downarrow}}{\rho^{\uparrow}+\rho^{\downarrow}}$ 。文献中报道，在 NiFe中，自旋向上的电子的平均自由程大约为4.6纳米，而自旋向下的电子的平均自由程小于0.6纳米。从实验数据中我们看出，将NOL插入到NiFe薄膜中，当NiFe厚度接近自旋向上的电子在NiFe中的平均自由程时，II类样品的薄膜电阻率 ρ_0 与I类样品的薄膜电阻率 ρ_0 的差值越来越大。当NiFe厚度越来越接近4.6nm时，将会有更多的自旋向上的电子受到NOL的镜面散射，延长了自旋向上电子的自由程，降低了自旋向上的电子的电阻率，进而降低薄膜的电阻率。对于相同NiFe厚度的I、II两种薄膜样品，它们的 $\Delta\rho$ 基本一致，因此，对于NiFe厚度小于15nm的II类样品，其磁电阻增大主要是由于NOL层的镜面反射作用，使得薄膜样品II的电阻率 ρ_0 小于薄膜样品I的电阻率 ρ_0 ，从而使样品II的磁电阻值大于样品I的磁电阻值。

7.2.2 双层CoFeO$_x$对NiFe薄膜结构与性能影响

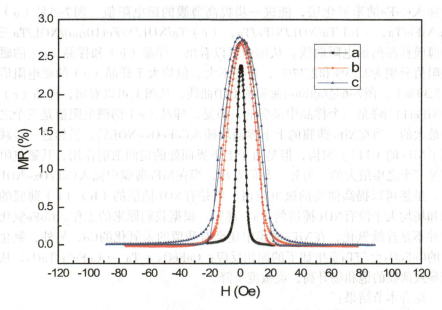

图7-5 （a）Ta/NiFe(10nm)/Ta，（b）Ta/CoFeOx-NOL(10nm)/NiFe/Ta，
（c）Ta/ CoFeOx-NOL/NiFe(10nm)/ CoFeOx-NOL/Ta薄膜的磁电阻曲线

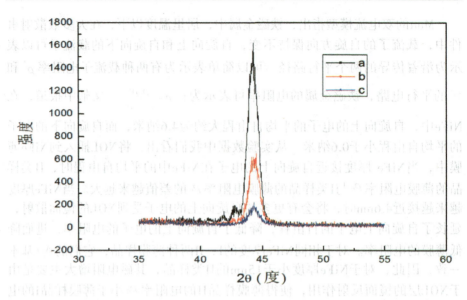

图7-6 （a）Ta/NiFe(10nm)/Ta，（b）Ta/CoFeOx-NOL(10nm)/NiFe/Ta，
（c）Ta/ CoFeOx-NOL/NiFe(10nm)/ CoFeOx-NOL/Ta薄膜的XRD曲线

当在NiFe薄膜的Ta/NiFe界面处插入CoFeOx-NOL后，可以提高薄膜的磁电阻值，因此我们期望在Ta/NiFe/Ta薄膜的Ta/NiFe和NiFe/Ta界面处同时插入CoFe纳米氧化层，能进一步提高薄膜的磁电阻值。图7-5是（a）Ta/NiFe/Ta，（b）Ta/NOL/NiFe/Ta，（c）Ta/NOL/NiFe(10nm)/NOL/Ta三种薄膜样品的磁电阻曲线。从图中可以看出，样品（b）和样品（c）的磁电阻值分别为2.73%和2.77%，差别不大，但均大于样品（a）的磁电阻值（2.39%）。图7-6是(a)(b)(c)薄膜的XRD曲线，从图上可以看出，样品（c）的NiFe(111)峰是三个样品中最弱的，但是，样品（c）的磁电阻值是三个之中最大的。当在NiFe薄膜的上下界面均插入CoFeOx-NOL后，虽然进一步减弱了NiFe的（111）织构，但是由于上下界面处的镜面散射作用，其磁电阻值是三个之中最大的。另外，我们发现，当在NiFe薄膜中插入CoFeOx-NOL后，虽然可以提高薄膜的磁电阻值，但是有NOL插层的（b）（c）薄膜的饱和场均大于没有NOL插层的（a）薄膜。根据我们原来的工作，CoFe氧化时并不是连续氧化，在NiFe薄膜中还会有残留的未氧化的Co，另外，氧化后的CoFeOx会与Ta发生如下的固相反应：$CoFeOx + Ta \rightarrow CoFe + TaOx$，从而导致薄膜的饱和场升高，灵敏度下降。

综合本节结果：

系统研究了CoFeOx插层对NiFe各向异性磁电阻薄膜磁电阻和微结构的影响。研究结果表明：在Ta/niFe界面处插入1.5nm厚的CoFeOx，会破坏

NiFe的（111）织构，减小NiFe的晶粒尺寸；但是当NiFe厚度减小到一定厚度时，由于CoFeOx的"镜面反射"作用，将会延长自旋电子的自由程，降低薄膜的电阻率ρ_0，从而使薄膜的磁电阻值增大。当NiFe厚度为10nm时，薄膜的磁电阻值可达2.7%。

在NiFe薄膜中使用CoFeOx界面插层，由于CoFe层不可能被完全氧化，而且在薄膜的界面处存在不利于薄膜灵敏度的固相反应，增加了薄膜中Co单质的含量，不利于薄膜灵敏度的提高。

7.3 非磁AlN界面插层研究

对于NiFe薄膜来说，当薄膜厚度降低至纳米数量级，尤其是接近于电子平均自由程(<10nm)时，电阻率显著增大，导致磁电阻值明显降低。利用纳米氧化物作为界面插层可以增大自旋极化电子在界面处的自旋相关散射，延长自旋电子的平均自由程，减小电阻率，从而提高磁电阻值。

在前面的研究中，利用磁性CoFeOx作为纳米氧化层，虽然一定程度可以提高磁电阻值，但由于界面处残留的未氧化的Co的存在，使得饱和场增加，灵敏度降低。为了克服CoFe氧化不完全以及固相反应造成薄膜饱和场的提高和灵敏度的下降，我们尝试将非磁性材料AlN作为界面插层来插入到NiFe薄膜中，期望提高薄膜的磁电阻的同时，不会增加薄膜的饱和场。

我们利用磁控溅射系统在$10 \times 10mm^2$玻璃基片上制备了一系列结构为Ta(5 nm)/AlN(4 nm)/NiFe(t nm)/AlN(3 nm)/Ta(5 nm)，t = 5–80的样品，本底真空优于$1.0 \times 10^{-5}Pa$，溅射时工作气体Ar气压为0.2Pa。Ta和$Ni_{81}Fe_{19}$层通过直流溅射Ta靶和$Ni_{81}Fe_{19}$合金靶获得。AlN层通过射频溅射从AlN陶瓷靶上制得。在基片位置沿平行膜面方向施加有约25kA/m的磁场，以诱导$Ni_{81}Fe_{19}$薄膜的易磁化方向。样品退火是在真空退火炉中进行，退火炉本底真空优于$2.0 \times 10^{-5}Pa$；退火时沿薄膜的易轴方向加有约55kA/m的磁场，将薄膜在400℃保温2小时后移出加热区，并在真空退火炉中自然冷却至室温。薄膜样品的磁电阻值由标准四探针法测量；薄膜结构通过常规X射线衍射XRD进行测试。薄膜界面化学状态变化由X射线光电子能谱仪XPS进行分析。

7.3.1 AlN界面插层对NiFe薄膜电输运性能影响

图7-7 为Ta 5nm/AlN 4nm/NiFe t nm/AlN 3nm/Ta 5nm薄膜的NiFe厚度分

别为t=5，30，80nm时退火前后的磁电阻曲线。从图中可以看出，当NiFe厚度为5nm时，其MR值从制备态的1.0%迅速降低为退火后的0.2%，当NiFe厚度为30nm时，在退火后其MR值很接近于3.0%（与制备态水平相当）；而当薄膜厚度为80nm时，退火后的样品的MR值达到了4.7%，远大于制备态的3.7%。

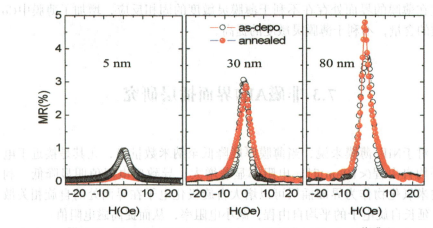

图7-7 Ta 5 nm/AlN 4nm/NiFe t nm/AlN 3nm/Ta 5nm薄膜中
NiFe厚度分别为t=5，30，80nm时退火前后的MR曲线

图7-8为薄膜退火前后的MR值随薄膜厚度的变化曲线。当薄膜厚度低于30nm时，退火后的样品的MR值显著低于制备态的MR值，而当薄膜厚度超过临界厚度30nm时，退火后样品的MR值显著高于制备态的MR值。显然，样品在退火前后的磁电阻变化呈现出显著的厚度依赖行为。

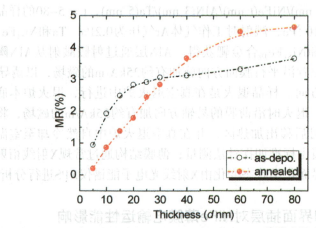

图7-8 Ta 5 nm/AlN 4nm/NiFe t nm/AlN 3nm/Ta 5nm薄膜中退火前后的MR值
随NiFe厚度的变化曲线

图7-9为Ta 5nm/AlN 4nm/NiFe t nm/AlN 3nm/Ta 5nm的电阻率 ρ 以及电阻率的变化率 Δρ 在退火前后随着厚度的变化情况。从图中可以看出，与制备态相比，当薄膜厚度较薄时，退火后的样品的 ρ 显著增大，Δρ 显著降低；随着薄膜的厚度增大，退火态样品的 ρ 显著降低，而 Δρ 则比较接近制备态水平。MR(Δρ / ρ)的显著降低(t<30nm)即与 Δρ 的降低和 ρ 的增大有关，而MR值的提高则是主要是由 ρ 的降低引起的。因而，退火之后 Δρ 和 ρ 的变化是MR值呈现出厚度依赖行为的直接原因。

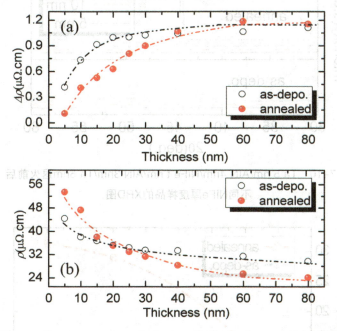

图 7-9　Ta 5 nm/AlN 4nm/NiFe t nm/AlN 3nm/Ta 5nm的(a)电阻率 ρ
以及(b)电阻率的变化率 Δ ρ 在退火前后随着厚度的变化

7.3.2 AlN界面插层对NiFe薄膜微结构影响

为了分析这种电输运性能具有这种厚度依赖行为的原因，我们对于不同厚度退火前后的样品做了XRD的分析。图7-10是退火前后不同厚度样品的XRD图谱。从图中可以看出，退火之后，样品的晶体结构发生了显著的改善。利用谢乐公式，我们粗略估算了不同厚度的样品退火前后的晶粒尺寸的变化情况，如图7-11。值得注意的是，对于较薄的样品，退火后，他们的晶粒尺寸没有发生显著的变化（或有略微增大），随着厚度的增加，晶粒尺寸增大越显著。通常，晶粒尺寸的增大可以有效地减小对于传导电子的晶界散射作用，从而减小电阻率。然而，在薄膜较薄时晶粒尺寸变化不大，那么样品较薄时电阻率异常增大以及导致的MR显著降低是什么原因引起的呢？

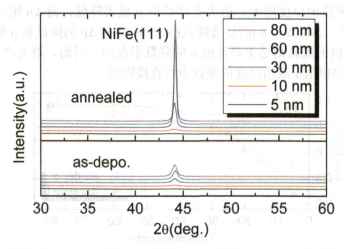

图7-10　Ta 5 nm/AlN 4nm/NiFe t nm/AlN 3nm/Ta 5nm退火前后
不同NiFe厚度样品的XRD图

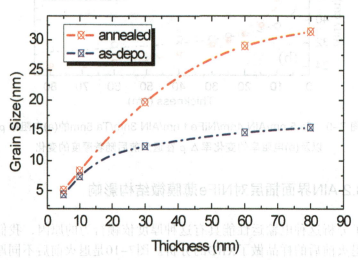

图7-11　Ta 5 nm/AlN 4nm/NiFe t nm/AlN 3nm/Ta 5nm退火前后
不同NiFe厚度样品的晶粒尺寸变化

为了分析这种电阻率的异常变化，我们将对电阻率 ρ 用 Fuchs-Sondheimer 模型进行模拟。其模型如下：

$$\rho = \rho_{bulk}\left[1 + \frac{3\lambda}{8d}(1-p)\right] \tag{7-2}$$

这里，ρ 为薄膜电阻率，ρ_{bulk} 是块材的电阻率，λ 是传导电子的平均自由程，d 是薄膜的厚度，p 是镜面反射系数。在模拟之前，我们需要先确定在制备态和退火态时 NiFe 对应的 ρ bulk。$\rho \cdot d$ 和厚度 d 的关系如图 7-12 所示，由 Fuchs-Sondheimer 理论可知，斜率即为 ρ bulk。经计算，退火前后对应的块体的电阻率分别为 $29\mu\Omega \cdot cm$ 和 $24\mu\Omega \cdot cm$，由于 Ta 具有非常高的电阻率，因而其分流作用可忽略。

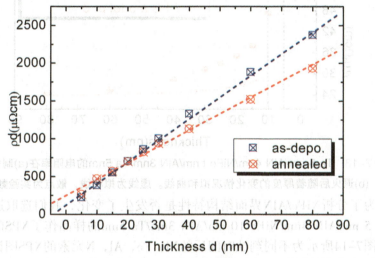

图 7-12　Ta 5 nm/AlN 4nm/NiFe t nm/AlN 3nm/Ta 5nm 在退火前后
的 $\rho \cdot d$ 和 d 的关系

图 7-13 为基于 Fuchs-Sondheimer 模型的薄膜电阻率 ρ 模拟图。对于制备态的样品来说，当样品很薄时(<10nm)，拟合部分和实验值很接近，这表明界面散射可以单独解释 NiFe 薄膜电阻率尺寸效应的影响，而随着薄膜厚度增加，拟合曲线和实际值产生了较大的偏离，我们认为这是由于随着厚度增加，除了界面对于传导电子的散射作用外，此时因晶粒尺寸因素而引起的晶界散射作用显现出来。而退火之后，拟合曲线和实验值依然存在偏离，尤其是对于 NiFe 较薄的样品(<10nm)来说，实验值与拟合曲线的偏离很大，由前面的 XRD 结果可知，退火之后晶粒尺寸变化不大，因而晶界散射对于电阻率的贡献变化不大，电阻率的异常增大应该与界面散射增强密切相关。而且考虑到 Fuchs-Sondheimer 模型中并没有明确的包含粗糙度增大引起的界面散射作用，因而电阻率的异常增大可能是由于退火之后，界面结

构变化引起界面化学势的变化从而导致的电子漫散射作用增强造成的。

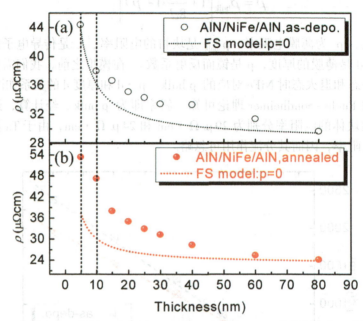

图 7-13　Ta 5 nm/AlN 4nm/NiFe t nm/AlN 3nm/Ta 5nm的电阻率在(a)制备态和
(b)退火后随着厚度的变化情况拟和曲线。虚线为拟和线，散点为实验数据

　　为了分析NiFe/AlN界面结构特性是否发生了变化，我们选取退火前后的Ta 5 nm/AlN 4nm/NiFe 10 nm/AlN 3nm/Ta 5nm的样品作了XPS的深度剖析。图7-14所示为不同刻蚀时间后的Ni，Fe，Al，N元素的XPS图谱，从图谱可知，当刻蚀时间60s后开始收集到Ni，Fe元素的信息时，由d=3 λ sin α以及AlN的厚度可以推测，此时基本上可以获取NiFe/AlN的界面信息。图7-14(a)为Ni 2p的XPS图谱，退火前后的Ni 2p的峰宽和峰形没有发生显著地变化，853.0 eV和870.0eV处的峰分别对应着 Ni $2p_{3/2}$和Ni $2p_{1/2}$，这表明Ni在退火前均以单质形式存在。图7-14(b)为Fe2p的XPS图谱，对于制备态和退火后的样品来说，707.0eV处的峰对应着Fe2p3/2，表明退火前后界面处的Fe以单质的形式存在。同时,在制备态和退火态的样品中，随着刻蚀深度的增加，在712.0eV处还出现了Ni的俄歇峰。图7-14(c)为N 1s的XPS图谱，我们发现随着刻蚀深度的增加，N 1s峰对应的结合能值从398.0 eV逐渐偏移到397.4 eV，表明退火前后的AlN从表面到界面方向发生了化学状态的变化。图7-14(d)为Al 2p的XPS图谱，从中我们可以看出，Al元素在退火前后其化学状态则发生了较为明显的变化，在制备态时，72.4 eV和75.4 eV处的峰位分别对应着Al单质和AlN，这表明AlN层除了含有AlN外，还有部分Al单质分

布于AlN层中，从强度分布上来看，含量几乎和AlN相当；而退火后，我们发现，随着刻蚀深度的增加，在72.4 eV处的Al单质峰强度逐步减弱，表明退火后，AlN除了含有小部分Al单质外，大部分Al以AlN的形式存在。显然，退火之后，NiFe/AlN的界面化学状态的确发生了变化。

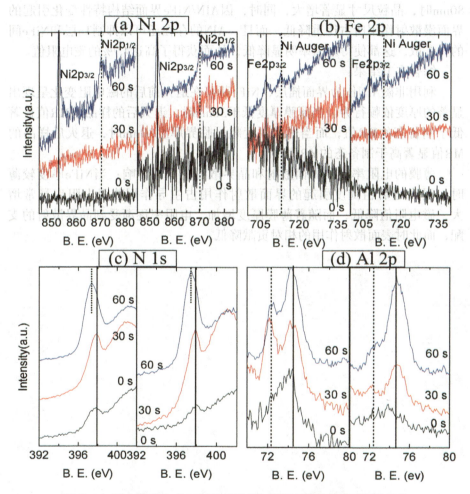

图 7-14　退火前后Ta/AlN/NiFe/AlN/Ta的XPS谱随刻蚀时间的变化

（a）Ni 2p（b）Fe 2p（c）N 1s（d）Al 2p，左：制备态；右：退火态

根据Mott的二流体模型，由于多数自旋和少数自旋电子是沿着两个平行的轨道进行传导，NiFe薄膜的电阻率可描述为$\rho\uparrow$和$\rho\downarrow$构成的等效并联电路。在铁磁体中自旋向上的电子数量是不同于自旋向下的。所以，传导电流是自旋极化的。作为多数载流子，自旋向上的电子具有比自旋向下电子大一个数量级的平均自由程，所以当平均自由程接近NiFe厚度时，其受

界面散射的影响要大得多。因此，退火之后粗糙的界面带来的强散射作用降低了传导电子的自旋不对称性，从而导致了磁电阻率变化的降低。而当厚度显著增大后，这种作用便会较低，因而会趋于不变。$\Delta\rho$ 和 ρ 的这种变化行为使得磁电阻值在退火后发生了这种厚度的依赖行为。当NiFe厚度为80nm时，晶粒尺寸显著增大，同时，因AlN/NiFe界面结构特性变化引起的界面漫散射作用所占比重降低，而且，AlN的存在还可以抑制Ta层和NiFe间的互扩散，这都使得电阻率明显降低，从而获得了高达4.7%的磁电阻值。

综合本节结果：

利用非磁AlN作为界面插层，NiFe薄膜在退火前后的磁电阻变化呈现出显著的厚度依赖行为。当薄膜厚度低于30nm时，退火后的样品的MR值显著低于制备态的MR值，而当薄膜厚度超过临界厚度30nm时，退火后样品的MR值显著高于制备态的MR值。

薄膜的电阻率受到界面散射和晶界散射的双重影响：当NiFe厚度较薄时，退火之后粗糙度引起的界面散射作用占主导作用使得电阻率异常增大，磁电阻值降低；而随着薄膜厚度增加，电阻率逐渐受到晶界散射的支配，而此时表面散射作用的相对贡献降低。

参考文献

[1] 焦正宽，曹光旱. 磁电子学 [M]. 杭州：浙江大学出版社，2005.

[2] BAIBICH M N，BROTO J M，FERT A，et al. Giant magnetoresistance of (001)Fe/(001)Cr magnetic superlattices [J]. Physical Review Letters, 1988, 61: 2472.

[3] GRUNBEREG P，SCHREIBER R，PANG Y，et al. Layered magnetic structure: evidence for antiferromagnetic coupling of Fe layers across Cr interlayers [J]. Physical Review Letters, 1986, 57: 2442.

[4] 韩秀峰. 自旋电子学材料、物理和器件设计原理的研究进展 [J]. 物理, 2008, 37: 392.

[5] 蔡建旺，赵见高，詹文山，等. 磁电子学中的若干问题 [J]. 物理学进展, 1997, 17: 119.

[6] ZUTIC L，FABIAN J，DAS SARMA S. Spintronics: Fundamentals and applications [J]. Reviews of Modern Physics, 2004, 76: 323.

[7] PIPPARD A B . Magnetoresistance in metals [M]. Cam-bridge: Cambridge Univeristy Press, 1989.

[8] 翟宏如，鹿牧，赵宏武，等. 多层膜的巨磁电阻 [J]. 物理学进展, 1997, 17: 159.

[9] MCGUIRE T R, POTTER R I. Anisotropic magnetoresistance in ferromagnetic 3d alloys [J]. IEEE Transactions on Magnetics, 1975, 11: 1018.

[10] CAMPBELL I A , FERT A , Jaoul O. The spontaneous resistivity anisotropy in Ni-based alloys [J]. Journal of Physics C, 1970, 1: s95.

[11] 过壁君. 薄膜磁阻传感器 [M]. 福建: 科学技术出版社, 1993.

[12] HUNT R P . A magnetoresistive readout transducer [J]. IEEE Transactions on Magnetics, 1971, 7: 150.

[13] MORAN T J，DAHLBERG E D , Magnetoresistive sensor for weak magnetic fields [J], Applied Physics Letteres, 1997, 70: 1894.

[14] YEH T，WITCRAFT W F . Effect of Magnetic Anisotropy on Signal and Noise of NiFe Magnetoresistive Sensor [J]. IEEE Transactions on Magnetics, 1995, 31: 3131.

[15] CASSELMAN T N，HANKA S A . Calculation of the performance of

a magnetoresistive permalloy magnetic field sensor [J]. IEEE Transactions on Magnetics, 1980, 16: 461.

[16] LIN T , GORMAN G , TSANG C . Antiferromagnetic and Hard-Magnetic Stabilization Schemes for Magnetoresistive Sensors [J]. IEEE Transactions on Magnetics, 1996, 32: 3443.

[17] UEDA M , ENDOH M , YODA H , et al. AC Bias Type Magnetoresistive Sensor [J]. IEEE Transactions on Magnetics, 1990, 26: 1572.

[18] PARKIN S S P , MORE N , ROCHE K P . Oscillations in exchange coupling and magnetoresistance in metallic superlattice structures: Co/Ru, Co/Cr, and Fe/Cr [J]. Physical Review Letters, 1990, 64: 2304.

[19] PARKIN S S P , YORK B R . Influence of deposition temperature on giant magnetoresistance of Fe/Cr multilayers [J]. Applied Physics Letteres, 1993, 62: 1842.

[20] FULLERTON E E , KELLY D M , GUIMPEL J , et al. Roughness and giant magnetoresistance in Fe/Cr superlattices [J]. Physical Review Letters, 1992, 68: 859.

[21] DIENY B , SPERIOSU V S , PARKIN S S P , et al. Giant magnetoresistive in soft ferromagnetic multilayers [J]. Physical Review B, 1991, 43: 1297.

[22] XIAO J Q, JIANG J S, CHIEN C L. Giant magnetoresistance in nonmultilayer magnetic systems [J]. Physical Review Letters, 1992, 68: 3749.

[23] BUTLER W H, ZhANG X G, SCHULTHESS T C, et al. Spin-dependent tunneling conductance of Fe/MgO/Fe sandwiches [J]. Physical Review B, 2001, 63: 54416.

[24] MATHON J, UMERSKI A . Theory of tunneling magnetoresistance of an epitaxial Fe/MgO/Fe (001) junction [J]. Physical Review B, 2001, 63: 220403.

[25] INOMATA K , TEZUKA N , OKAMURA S , et al. Magnetoresistance in tunnel junctions using Co2(Cr,Fe)Al full Heusler alloys [J]. Journal of Applied Physics, 2004, 95: 7234.

[26] NOZAKI T, HIROHATA A, TEZUKA N, et al. Bias voltage effect on tunnel magnetoresistance in fully epitaxial MgO double-barrier magnetic tunnel junctions [J]. Applied Physics Letteres, 2005, 86: 82501.

[27] DJAYAPRAWIRA D D, TSUNEKAWA K, MOTONOBU N, et al. 230% room-temperature magnetoresistance in CoFeB/MgO/CoFeB magnetic tunnel junctions [J]. Applied Physics Letteres, 2005, 86:92502.

[28] IEDA S, HAYAKAWA J, ASHIZAWA Y, et al. Tunnel magnetoresistance of 604% at 300K by suppression of Ta diffusion in CoFeB/MgO/CoFeB pseudo-spin-valves annealed at high temperature [J]. Applied Physics Letteres, 2008, 93: 082508.

[29] OKAMURA S, MIYAZAKI A, SUGIMOTO S, et al. Large tunnel magnetoresistance at room temperature with a Co2FeAl full-Heusler alloy electrode [J]. Applied Physics Letteres, 2005, 86: 232503.

[30] LIU K, WU X W, AHN K H, et al. Charge ordering and magnetoresistance in Nd1-xCaxMnO3 due to reduced double exchange [J]. Physical Review B, 1996, 54: 3007.

[31] XIONG G C, LI Q, JU H L, et al. Giant magnetoresistance in epitaxial Nd0.7Sr0.3MnO3 thin films [J]. Appl Phys Lett, 1995, 66: 1427.

[32] SINGHI S K, PALMER S B, PAUL D M, et al. Growth transport and magnetic properties of Pr0.67Ca0.33MnO3 thin films [J]. Applied Physics Letteres, 1996, 69: 263.

[33] 奥汉德利R C. 现代磁性材料原理和应用 [M]. 北京: 化学工业出版社, 2002.

[34] 钟文定. 铁磁学（中册）[M]. 北京: 科学出版社, 1987.

[35] STONER E C, Wohlfarth E P. A mechanism of magnetic hysteresis in heterogeneous alloys [J]. IEEE Transactions on Magnetics, 1991, 27: 3475.

[36] 王立锦. 各向异性磁电阻薄膜材料的性能及其应用（博士学位论文）[D]. 朱逢吾，指导. 北京：北京科技大学，2006.

[37] VAN ELST H C. The anisotropy in the magneto-resistance of some nickel alloys [J]. Physica, 1959, 25: 708.

[38] SHIRAKAWA Y. Magnetoresistance in Co-Ni alloys [J]. Science Reports of Tohoku University, 1936, 1: 1.

[39] KLOKHOLM E. Piezoresistance in evaporated nickel films [J]. Journal of Vacuum Science and Technology, 1973, 10: 235.

[40] KLOKHOLM E, FREEDMAN J F. Magnetostress effects in evaporated Ni films [J]. Journal of Applied Physics, 1976, 38: 1354.

[41] SCHWERER F C, SILCOX J. Electrical resistivity due to dislocations in nickel at low temperatures [J]. Philosophical Magazine, 1972, 26: 1105.

[42] FITZSIMMONS M R, SILVA T J, CRAWFORD T M, et al. Surface oxidation of Permalloy thin films [J]. Physical Review B, 2006, 73: 014420.

[43] LEE W Y, TONEY M F, MAURI D. High magnetoresistance in

sputtered Permalloy thin films through growth on seed layers of (Ni0.81Fe0.19)1–xCrx [J]. IEEE Transactions on Magnetics, 2000, 36: 381.

[44] CHEN M , GHARSALLAH N , GORMAN G L , et al. Ternary NiFeX as biasing film in a magnetoresistive sensor [J]. Journal of Applied Physics, 1991, 69: 5631.

[45] NAGURA H , SAITO K , TAKANASHI K , et al. Influence of third elements on the anisotropic magnetoresistance in Permalloy films [J]. Journal of Magnetism and Magnetic Materials, 1999, 212: 53.

[46] LEE W Y , Toney M F , TAMEERUG P , et al. High magnetoresistance permalloy films deposited on a thin NiFeCr or NiCr underlayer [J]. Journal of Applied Physics, 2000, 87: 6992.

[47] MOGHADAM N , STOCKS G M , KOWALEWSKI M , et al. Effects of Ta on the magnetic structure of Permalloy [J]. Journal of Applied Physics, 2001, 89: 6886.

[48] WAROT B , IMRIE J , PETFORD–LONG A K , et al. Influence of seed layers on the microstructure of NiFe layers [J]. Journal of Magnetism and Magnetic Materials, 2004, 272: 1495.

[49] GONG H , LITVINOV D , KLEMMER T J , et al. Seed layer effect on magnetoresistive properties of NiFe films [J]. IEEE Transactions on Magnetics, 2000, 36: 2963.

[50] WU P , WANG F , QIU H , et al. Effect of substrate temperature and annealing on the anisotropic magnetoresistive property of NiFe films [J]. Rare Metals, 2003, 22: 202.

[51] VELU E , DUPAS C , RENARD D, et al. Enhanced magnetoresistance of ultrathin (Au/Co)n multilayers with perpendicular anisotropy [J]. Physical Review B, 1988, 37: 668.

[52] TAKAHATA T , ARAKI S , SHINJO T . Magnetism and magnetoresistance of Au/Co multilayers [J]. Journal of Magnetism and Magnetic Materials, 1989, 82: 287.

[53] PARKIN S S P , BHADRA R , ROCHE K P , et al. Oscillatory magnetic exchange coupling through thin copper layers [J]. Physical Review Letters, 1991, 66: 2152.

[54] PARKIN S S P , LI Z G , Smith D J . Giant magnetoresistance in antiferromagnetic Co/Cu multilayers [J]. Applied Physics Letteres, 1991, 58: 2710.

[55] KETAOTA N , SAITO K , FUJIMORI H , et al. Magnetoresistance of Co–X/Cu multilayers [J]. Journal of Magnetism and Magnetic Materials, 1993, 121: 383.

[56] MOSCA D H , PETROFF F , FERT A , et al. Osillatory interlayer coupling and giant magnetoresistance in Co/Cu multilayers [J]. Journal of Magnetism and Magnetic Materials, 1991, 94: L1.

[57] GURNEY B A , SPERIOSU V S , NOZIERES J P , et al. Direct measurement of spin–dependent conduction–electron mean free paths in ferromagnetic metals [J]. Physical Review Letters, 1993, 71: 4023.

[58] Nogue J , Schuller I K . Exchange bias [J]. Journal of Magnetism and Magnetic Materials, 1999, 192: 203.

[59] MAURI D , KAY E , SCHOLL D. et al. Simple model for thin ferromagnetic films exchange coupled to an antiferromagnetic substrate [J]. Journal of Applied Physics, 1987, 62: 3047.

[60] MALOZEMOFF A P . Random–field model of exchange anisotropy at rough ferromagnetic/antiferromagnetic interfaces [J]. Physical Review B, 1987, 35: 3679.

[61] KOON N C . Calculations of exchange bias in thin films with ferromagnetic /antiferromagnetic interfaces [J]. Physical Review Letters, 1997, 78: 4865.

[62] 蔡建旺. 磁电子学器件应用原理 [J]. 物理学进展, 2006, 26: 180.

[63] 包瑾. 自旋电子学中若干基本问题的研究（博士学位论文）[D]. 姜勇，指导. 北京：北京科技大学，2009.

[64] MAO S , AMIN N , MURDOCK E . Temperature dependence of giant magnetoresistance properties of NiMn pinned spin valves [J]. Journal of Applied Physics, 1998, 83: 6807.

[65] FUIKATA J , HAYASHI K , YAMAMOTO H , et al. Magnetoresistance in spin–valve structure with Ni–oxide/Co–oxide bilayer antiferromagnets [J]. IEEE Transactions on Magnetics, 1996, 32: 4621.

[66] HWANG D G , PARK C M , LEE S S , et al. Exchange biasing in NiO spin valves [J], Journal of Magnetism and Magnetic Materials, 1998, 186:265.

[67] VAN DER HEIJDEN P A A , MAAS T F M M , DE JONGE W J M , et al. Thermally assisted reversal of exchange biasing in NiO and FeMn based systems [J], Applied Physics Letteres, 1998, 72: 492.

[68] LAI C H , REGAN T J , WHITE R L , et al. Temperature dependence

of magnetoresistance in spin valves with different thickness of NiO [J]. Journal of Applied Physics, 1997, 81: 3989.

[69] 皇甫加顺. 纳米颗粒插层对各向异性磁电阻性能影响的研究（硕士学位论文）[D]. 于广华, 指导. 北京: 北京科技大学, 2011.

[70] HASEGAWA N , MAKINO A , KOIKE F , et al. Spin-valves with antiferromagnetic α-Fe2O3 layers [J]. IEEE Transactions on Magnetics, 1996, 32: 4618.

[71] SHANG C H , BERERA G P , MOODERA J S . Exchange-biased ferromagnetic tunnel junctions via reactive evaporation of nickel oxide films [J]. Applied Physics Letteres, 1998, 72: 605.

[72] HAMAKAWA Y , HOSHIYA H , KAWABE T , et al. Spin-valve heads utilizing antiferromagnetic NiO layers [J]. IEEE Transactions on Magnetics, 1996, 32: 149.

[73] EGELHOFF W F , CHEN P J , Misra R D K , et al. Low-temperature growth of giant magnetoresistance spin-valves [J]. Journal of Applied Physics, 1996, 79: 282.

[74] EGELHOFF W F , CHEN P J , Powell C J , et al. Growth of giant magnetoresistance spin-valves using Pb [J]. Journal of Applied Physics, 1996, 80: 5183.

[75] FARROW R F C , CAREY M J , MARKS R F , et al. Enhanced blocking temperature in NiO spin valves: Role of cubic spinel ferrite layer between pinned layer and NiO [J]. Applied Physics Letteres, 2000, 77: 1191.

[76] SOEYA S , FYAMA M , TADOKORO S , et al. NiO structure-exchange anisotropy relation in the Ni81Fe19/NiO films and thermal stability of its NiO film [J]. Journal of Applied Physics, 1996, 79: 1604.

[77] SAMANT M G , LUNING J , STOHR J , et al. Thermal stability of IrMn and MnFe exchange-biased magnetic tunnel junctions [J]. Applied Physics Letteres, 2000, 76: 3097.

[78] PARKIN S S P . Systematic variation of the strength and oscillation period of indirect magnetic exchange coupling through the 3d, 4d, and 5d transition metals [J]. Physical Review Letters, 1991, 67: 3598.

[79] SATIO M , HASEGAWA N , TANAKA K , et al. PtMn spin valve with synthetic ferrimagnet free and pinned layers [J]. Journal of Applied Physics, 2000, 87: 6974.

[80] 赵崇军. 异质界面对自旋极化电子输运特性影响的研究（博士学位

论文）[D]. 于广华，指导. 北京：北京科技大学，2013.

[81] VELOSO A , FREITAS P P . Spin valves with synthetic ferrimagnet and antiferromagnet free and pinned layers [J]. IEEE Transactions on Magnetics, 1999, 35: 2568.

[82] QIU J J , HAN G C , LI K B , et al. The influence of nano-oxide layer on magnetostriction of sensing layer in bottom spin valves [J]. Journal of Applied Physics, 2006, 99: 094304.

[83] MANDERS F , VEENSTRA K J , KIRILIYK A , et al. Second harmonic generation study of quantum well states and interdiffusion in a Co/Rh multilayer [J]. IEEE Transactions on Magnetics, 1998, 34: 855.

[84] NAGAI H , UENO M , HIKAMI F , et al. Thermal stability of pinned layer in PtMn-based synthetic spin-valve [J]. IEEE Transactions on Magnetics, 1999, 35: 2964.

[85] VELOSO A , FREITAS P P . Spin valve sensors with synthetic free and pinned layers [J]. Journal of Applied Physics, 2000, 87: 5744.

[86] SBIAA R , MORITA H . Magnetoresistance and thermal stability enhancement in FeCr-based spin valves [J]. Applied Physics Letteres, 2004, 84: 5139.

[87] LIN T , MAURI D. Effects of oxide seed and cap layers on magnetic properties of a synthetic spin valve [J]. Applied Physics Letteres, 2001, 78: 2181.

[88] HWANG J Y , KIM M Y , RHEEA J R , et al. Bottom IrMn-based spin valves by using oxygen surfactant [J]. Journal of Applied Physics, 2003, 93: 8394.

[89] 王东伟，丁雷，王乐，等. 纳米氧化层（NOL）对坡莫合金薄膜性能影响的研究 [J]. 真空电子技术，2007, 03: 63-68.

[90] GIJS M A M , LENCOZOWSKI S K J , GIESBERS J B , et al. Perpendicular giant magnetoresistance of microstructured Fe/Cr magnetic multilayers from 4.2 to 300 K [J]. Physical Review Letters, 1993, 70: 3343.

[91] AOSHIMA K , FUNABASHI N , MACHIDA K , et al. Low resistance spin-valve-type current-perpendicular-to-plane giant magnetoresistance with Co75Fe25 [J]. Journal of Applied Physics, 2005, 97: 10C507.

[92] YUASA H , FUKUZAWA H , IWASAKI H , et al. The number of Cu lamination effect on current perpendicular-to-plane giant magnetoresistance of spin valves with Fe50Co50 alloy [J]. Journal of Applied Physics, 2005, 97: 113907.

[93] JIANG Y , ABE S , NOZAKI T , et al. Enhancement of current

-perpendicular-to-plane giant magnetoresistance by synthetic antiferromagnet free layers in single spin-valve films [J]. Applied Physics Letteres, 2003, 83: 2874.

[94] HOSHINOA K , HOSHIYA H. Influence of ferromagnetic current screen layer on current perpendicular to the plane giant magnetoresistance [J]. Journal of Applied Physics, 2006, 99: 08T103.

[95] KAMIGUCHI Y , YUASA H , FUKUZAWA H , et al. CoFe specular spin valves with a nano oxide layer [C]. Digests of the INTERMAG Conference, 1999: DB-01.

[96] WANG L , QIU J J , MCMAHON W J , et al. Nano-oxide-layer insertion and specular effects in spin valves: Experiment and theory [J]. Physical Review B, 2004, 69: 214402.

[97] LAI C H , CHEN C J , CHIN T S , et al. Giant magnetoresistance enhancement in spin valves with nano-oxide layers [J]. Journal of Applied Physics, 2001, 89: 6928.

[98] JANG S H , KANG T , KIM H J , et al. Effect of the nano-oxide layer as a Mn diffusion barrier in specular spin valves [J]. Applied Physics Letteres, 2002, 81: 105.

[99] FUKUZAWA H , KOI K , TOMITA H , et al. Specular spin-valve films with an FeCo nana-oxide layer by ion-assisted oxidation [J]. Journal of Applied Physics, 2002, 91: 6684.

[100] CHUNGLEE N , LEE K S , CHO B K , et al. Enhancement of magnetoresistance with low interlayer coupling by insertion of a nano-oxide layer into a free magnetic layer [J]. Journal of Applied Physics, 2005, 97: 10C510.

[101] WOLFMAN J , MAURI D , LIN T , et al. Low resistance Al2O3 magnetic tunnel junctions optimized through in situ conductance measurements [J]. Journal of Applied Physics, 2005, 97: 123713.

[102] 陈立凡. 纳米氧化层在PtMn基镜面反射Spin Valve磁性薄膜中的作用和结构特征 [J]. 南昌大学学报(理科版), 2005, 29: 251.

[103] SHEN F , XU Q Y , YU G H , et al. A specular spin valve with discontinuous nano-oxide layers [J]. Applied Physics Letteres, 2002, 80: 4410.

[104] GILLIES M F , KUIPER A E T . Enhancement of the giant magnetoresistance in spin valves via oxides formed from magnetic layers [J]. Journal of Applied Physics, 2000, 88: 5894.

[105] GILLIES M F , KUIPER A E T , LEIBBRANDT G W R . Effect of thin

oxide layers incorporated in spin valve structures [J]. Journal of Applied Physics, 2001, 89: 6922.

[106] DING L, TENG J, WANG X C, et al. Designed synthesis of materials for high-sensitivity geomagnetic sensors [J]. Applied Physics Letters, 2010, 96(5): 052515 .

[107] SANT S , MAO M , KOOLS J , et al. Giant magnetoresistance in ion beam deposited spin-valve films [J]. Journal of Applied Physics, 2001, 89: 6931.

[108] VELOSO A , FREITAS P P , WEI P , et al. Magnetoresistance enhancement in specular, bottom-pinned, Mn83Ir17 spin valves with nano-oxide layers [J]. Applied Physics Letteres, 2000, 77: 1020.

[109] JANG S H , KIM Y W , KANG T , et al. Structural changes in the nano-oxide layer with annealing in specular spin valves [J]. Journal of Applied Physics, 2003, 93: 8388.

[110] JIBOURI A , HOBAN A , LU M , et al. Spin-filter spin valves with nano-oxide layers for high density recording heads [J]. Journal of Applied Physics, 2002, 91: 7098.

[111] HASEGAWA N , KOIKE F , IKARASHI K , et al. Nano-oxide-layer specular spin valve heads with synthetic pinned layer: Head performance and reliability [J], Journal of Applied Physics, 2002, 91: 8774.

[112] SUGITA Y , KAWAWAKE Y , SATOMI M , et al. Thermal stability of PtMn based synthetic spin valves using thin oxide layer [J]. Journal of Applied Physics, 2001, 89: 6919.

[113] HONG J , NOMA K , KANAI H , et al. Magnetic and electrical properties of spin valve with single and double specular oxide layers [J]. Journal of Applied Physics, 2001, 89: 6940.

[114] HUAI Y , DIAO Z T , ZHANG J , et al. Nano-oxide layers and PtMn-based specular spin valves and heads [J]. IEEE Transactions on Magnetics, 2002, 38: 1.

[115] DINEY B , LI M , LIAO S H , et al. Effect of interfacial specular electron reflection on the anisotropic magnetoresistance of magnetic thin films [J]. Journal of Applied Physics, 2000, 88: 4140.

[116] 吴自勤, 王兵. 薄膜生长 [M]. 北京: 科学出版社, 2001.

[117] GENG H. 半导体集成电路制造手册 [M]. 赵树武, 陈松, 赵水林, 等译. 北京: 电子工业出版社, 2006.

[118] 黄惠忠. 论表面分析及其在材料研究中的应用 [M]. 北京: 科学技

术文献出版社，2002.

[119] 戎咏华. 分析电子显微学导论 [M]. 北京：高等教育出版社，2006.

[120] FITZSIMMONS M R , SILVA T J , CRAWFORD T M , et al. Surface oxidation of Permalloy thin films [J]. Physical Review B, 2006, 73: 014420.

[121] VOLMERA M , NEAMTU J . Magnetic field sensors based on Permalloy multilayers and nanogranular films [J]. Journal of Magnetism and Magnetic Materials, 2007, 316: e265.

[122] Dimitrova P , Andreev S , Popova L , et al. Thin film integrated AMR sensor for linear position measurements [J]. Sensors and Actuators A, 2008, 147: 387.

[123] FASSBENDER J , VON BORANY J , MUCKLICH A , et al. Structural and magnetic modifications of Cr-implanted Permalloy [J]. Physical Review B, 2006, 73: 184410.

[124] LIU Q Q, CHEN X, ZHANG J Y, et al. Effects of interfacial Fe electronic structures on magnetic and electronic transport properties in oxide/NiFe/oxide heterostructures, Applied Surface Science, 2015, 349: 524-528.

[125] FUNAKI H, OKAMOTO S, KITAKAMI O, et al. Improvement in magnetoresistance of very thin Permalloy films by post-Annealing [J]. Japanese Journal of Applied Physics, 1994, 33: L1304.

[126] YU G H , ZHAO H C , LI M H , et al. Interface reaction of Ta/Ni81Fe19 or Ni81Fe19/Ta and its suppression [J]. Applied Physics Letteres, 2002, 80:455.

[127] MIYAZAKI T , AJIMA T , SATO F . Dependence of magnetoresistance on thickness and substrate temperature for 82Ni-Fe alloy film [J]. Journal of Magnetism and Magnetic Materials, 1989, 81: 86.

[128] RIJKS T G S M , SOUR R L H , NEERINCK D G , et al. Influence of grain size on the transport properties of Ni80 Fe20 and Cu thin films [J]. IEEE Transactions on Magnetics, 1995, 31: 3865.

[129] MC CUIRE T R , POTTER R I . Anisotropic magnetoresistance in ferromagnetic 3d alloys [J]. IEEE Transactions on Magnetics, 1975, 11: 1018.

[130] DING L , TENG J , ZHAN Q , et al. Enhancement of the magnetic field sensitivity in Al2O3 encapsulated NiFe films with anisotropic magnetoresistance [J]. Applied Physics Letteres, 2009, 94: 162506.

[131] PARKIN S S P , KAISER C , PANCHULA A , et al. Giant tunnelling magnetoresistance at room temperature with MgO (100) tunnel barriers [J]. Nature

Materials, 2004, 3: 862.

[132] YUASA S , NAGAHAMA T , FUKUSHIMA A , et al. Giant room-temperature magnetoresistance in single-crystal Fe/MgO/Fe magnetic tunnel junctions [J]. Nature Materials, 2004, 3: 868.

[133] NOZAKI T , HIROHATA A , TEZUKA N , et al. Bias voltage effect on tunnel magnetoresistance in fully epitaxial MgO double-barrier magnetic tunnel junctions [J]. Applied Physics Letteres, 2005, 86: 082501.

[134] HAUCH J O , FONIN M , FRAUNE M , et al. Fully epitaxial Fe(110)/MgO(111)/Fe(110) magnetic tunnel junctions: growth, transport, and spin filtering properties [J]. Applied Physics Letteres, 2008, 93: 083512.

[135] GREULLETF F , SNOECK E , TIUISAN C , et al. Large inverse magnetoresistance in fully epitaxial Fe/Fe3O4/MgO/Co magnetic tunnel junctions [J]. Applied Physics Letteres, 2008, 92: 053508.

[136] GAN H D , IKEDA S , SHIGA W , et al. Tunnel magnetoresistance properties and film structures of double MgO barrier magnetic tunnel junctions [J]. Applied Physics Letteres, 2010, 96: 192507.

[137] CHIANG W H , SANKARAN R M . Linking catalyst composition to chirality distributions of as-grown single-walled carbon nanotubes by tuning Ni_xFe_{1-x} nanoparticles [J]. Nature Materials, 2009, 8: 882.

[138] CHENG S , ZHAO Y H , GUO Y , et al. High plasticity and substantial deformation in nanocrystalline NiFe alloys under dynamic loading [J]. Advanced Materials, 2009, 21: 5001.

[139] DING L, YU G H, ZHANG M, et al. Effects of annealing temperature on the magnetoresistance in Ta/NiFe/Ta films by ZnO intercalations [J]. Journal of Magnetism and Magnetic Materials, v389, p1-4, 2015.

[140] HAN X F , SHAMAILA S , SHARIF R , et al. Structural and magnetic properties of various ferromagnetic nanotubes [J]. Advanced Materials, 2009, 21: 4619.

[141] BUNTINX D , VOLODIN A , HAESENDONCK C V , et al. Influence of local anisotropic magnetoresistance on the total magnetoresistance of mesoscopic NiFe rings [J]. Physical Review B, 2004, 70: 224405.

[142] KHIVINTSEV Y V , ZAGORODNII V V , HUTCHISON A J , et al. On-wafer microwave signal-to-noise enhancer using NiFe films [J]. Applied Physics Letteres, 2008, 92: 022512.

[143] DING L, QIU H Z, LI C, et al. Control of spin-polarized electron

magnetoresistance in Ta/NiFe/Ta films by intercalation of Au [J]. Journal of Physics D: Applied Physics. 2013, 46(2): 025002.

[144] FITZSIMMONS M R , SILVA T J , CRAWFOERD T M , et al. Surface oxidation of Permalloy thin films [J]. Physical Review B, 2006, 73: 014420.

[145] AMOS N , FERMANDEZ R , IKKAWI R , et al. Magnetic force microscopy study of magnetic stripe domains in sputter deposited Permalloy thin films [J]. Journal of Applied Physics, 2008, 103: 07E732.

[146] GUO Z B , WU Y H , QIU J J , et al. Exchange bias and magnetotransport properties in IrMn/NiFe/FeMn structures [J]. Physical Review B, 2008, 78: 184413.

[147] PARK B G , WUNDERLICH J , WILLIAMS D A , et al. Tunneling anisotropic magnetoresistance in multilayer-(Co/Pt)/AlOx/Pt Structures [J]. Physical Review Letters, 2008, 100: 087204.

[148] DING L, TENG J, FENG C, et al. An all-metal material for high-sensitivity geomagnetic sensors with improved magnetic stability by magnetostatic coupling [J]. Journal of Physics D: Applied Physics,2011, 44(38): 385001.

[149] ZHAO C J, ZHAO Z D, WU Z L, et al. Relative contributions of surface and grain boundary scattering to the spin-polarized electrons transport in the AlN/NiFe/AlN heterostructures [J]. Applied Surface Science, 2014, 297: 70–74.

[150] SHEN W , LIU X , MAZUMDAR D , et al. In situ detection of single micron-sized magnetic beads using magnetic tunnel junction sensors [J]. Applied Physics Letteres, 2005, 86: 253901.

[151] JANG Y , NAM C , KIM J Y , et al. Magnetic field sensing scheme using CoFeB/MgO/CoFeB tunneling junction with superparamagnetic CoFeB layer [J]. Applied Physics Letteres, 2006, 89: 163119.